# 地下水と地形の科学

水文学入門

榧根　勇著

講談社学術文庫

# 学術文庫版まえがき

本書は一九九二年に出版され、絶版になっていたNHKブックス『地下水の世界』の学術文庫版である。学術の世界で二〇年の間に起こった変化は大きい。特に情報技術（IT）の進んだこの間の変化は激しかった。

しかし学術文庫版では大幅な書き直しは行わず、最低限プラスアルファの本文の訂正と加筆にとどめた。文中の登場人物については、肩書きや所属などは原著刊行当時のままにしてある。皆さん偉くなり、教授への昇格はもちろんのこと、学長や副学長になったり、すでに定年退職したり、故人となられた方もある。これらの人たちの活躍で日本の水文学のフロンティアが広がってきたので、私には感慨深いものがある。加筆した部分と原文のままの部分との執筆時期には二〇年の時間差がある。ご賢察いただければ幸いである。

さてここでは本文の補足を兼ねて、近年の学術の動向を振り返ってから、最近の地下水の研究について述べ、少し長めの「学術文庫版まえがき」としたい。この種の本は、専門書とは違って多くの人に読んでもらえることが第一だと思い、書名も学術文庫に収録するにあたり、出版社の意向に沿って変更した。

## 近代科学への疑問

周知のように、近代科学はデカルト的二元論と要素還元主義を二本柱にして発達してきた。その近代科学の世界観が「還元主義・機械論・決定論」である。ここでいう「近代科学」とは、ニュートン力学（量子力学に対する古典力学）に代表される、人間や地球スケールのマクロな世界を対象にした物理学を基礎にする科学を指している。

私は地下水学も近代科学であるべきだと努力してきた学者の一人であるが、原著を書いたころから、自然を、主体である人間から切り離された客体と見るデカルト的二元論に疑問を持ち始めていた。地下水の研究は、物理学などの基礎科学と違って、研究をすること自体に価値があるのではなく、それが人間の役に立ってこその価値ではないのか、と考えるようになっていたのである。

近代科学は確かにすばらしい成果をあげた。科学技術の成果を利用して、経済活動が活発になり、生活が「便利」になった。原子力をエネルギー源とする鉄腕アトムが宇宙から未来の地球へ飛んできた一九六〇年代は、未来はバラ色に輝いているかに見えた。しかし近代化が進むにつれて、人々の心も変化し、欲望に対するブレーキがはずれた。近代の産業資本主義は、欲望を駆動力にした、ブレーキの壊れた暴走機関車にたとえることができよう。

心を扱わなかった近代科学に、そのブレーキ役を果たすことはできなかった。環境問題を外部不経済と呼んで経済活動の外に放置したまま、この暴走機関車は利潤を求めて走り続け、経済を活性化させた。だが人間が便利な暮らしを求めてモノやエネルギーを消費しすぎた結果、ついに人間活動が地球というシステムの機能や容量からはみだしてしまった。そして一九九〇年代に入ると、突然、地球環境問題が世界中の人々の関心を集めるようになった。

## 「新しい知」へ

私が明確に、専門分化しすぎた「近代科学の知」に疑問を持ったのは、愛知大学の21世紀COEプロジェクトで中国の環境問題を担当することになった二〇〇二年である。

その時にイマニュエル・ウォーラースティン氏の『新しい学』（二〇〇一年、藤原書店）を読んだ。氏は環境問題に関して、我々には三つの選択肢があるが、既存の史的システムの枠組みのなかでは出口がないという。

つまり、①政府がすべての企業に環境費用の負担を強いれば利潤がでない。②政府がエコロジー的対策の費用を税金でまかなえば増税反対運動が起きる。③何もしなければ環境が破綻する。だから「新しい社会システム」へと抜けださなければならないのだ、と。

私は氏の考えに異存はなかったが、新しい社会システムへ抜けだすには、近代科学の知に代わる「新しい知」が必要だと思った。

盤石だと考えられてきた近代科学の基礎も揺れてきた。例えば一般向けの書物でも、脳機能学者の中田力《なかだつとむ》氏は『脳のなかの水分子』（二〇〇六年、紀伊國屋書店）で、「こころとは、個が環境と干渉しあうことから生まれてくる『情報の塊り』」であると定義し、主体と客体との間に相互作用があることを明示した。分子生物学者の福岡伸一氏は『世界は分けてもわからない』（二〇〇九年、講談社現代新書）と書名にうたって、要素還元主義の破綻を説いた。近代という家を支えていた大黒柱は二本とも折れてしまった。近代科学を基礎にした、三世紀ほど続いた「近代という時代」は二〇世紀で終わった。

一九八〇年代にも「ポストモダン思想」がもてはやされたが、私たちは今度こそ本気で、ポスト近代という家を建てて移らなければならなくなったのである。人間と環境のあいだに相互作用があるのなら、環境が劣化すれば、人の心も劣化する。環境は自分自身のために守らなければならないのだ。誰もが幸せを求めて努力しているが、人が幸せに生きるためには、人間と自然との好ましい関係性の構築が不可欠なのである。

一九二〇年代に成立した量子力学によって、ミクロな世界では、近代科学の決定論はすでに完全に否定されていた。量子力学に基礎をおくならば、ポスト近代の世界観は「絶対的偶然・確率的法則・非決定論」となる。近代という時代の基礎になった近代科学が目指したものは「普遍性・客観性・合理性」であったが、それに続くポスト近代という社会では、二〇世紀後半になって生まれた、ありのままの自然を対象にする生態系や複雑系の科学の世界観である「持続可能性・関係性・多様性」の方をより重視しなければならない、と私は考える。二〇一一年三月一一日に発生した東日本大震災は、科学も絶対的安全は保証できないことを、私たちに痛感させた。

## 地下水学の変遷

地下水も重要な環境要因の一つである。地下水の世界も、世界観が近代からポスト近代へと大きく移行するなかで変化してきた。

最初期の地下水学は、地下水の取水が主目的で、その中核は井戸の水理学と帯水層の地質学だった。地下水学は、地下水を無尽蔵な水資源と考える人もあった。一九六〇年代に入ると水循環という考えが導入され、涵養《かんよう》→流動→流出という地下水流動システム（流動系）の数値解析が可能になった。地下水は石油のように動かないものではなく、降水によって涵養され、地中を流動し、泉となって地表へ湧き出す。あるいは河川、湖沼、湿地、海などの地表水体中へ直接に流出する。地下水学はそのプロセスを、客観的・定量的に評価できるようになった。

原著を書いていた一九九〇年代初頭には、環境同位体や水温などをトレーサーにした地下水の追跡技術が普及しつつあった。そして二〇世紀の終わり頃に、客体としての地下水に関する研究課題はほとんど解けた。現在では、時間と資金さえ十分に得られるならば、地下水流動の可視化も、貯留量や流動量の推定も可能である。

ポスト近代の地下水研究の最大の課題は、そのような地下水学の成果を踏まえて、水資源や熱資源として、また地域環境要因として、地下水とどのように関われば人間の幸せに通じるかという文理融合的な問題になった、と私は考える。

　人間が関係するのであるならば、地下水の研究でも、地下水流動のような（自然科学が対象にする）客観的問題や、地下水管理のような（社会科学が対象にする）間客観的問題のほかに、地下水に関する（人文学が対象にする）文化などの間（共同）主観的世界や、心が関係する（スピリチュアルな）主観的世界についても考えなければならない。

## 統合学の方法

『万物の理論』（二〇〇二年、トランスビュー）の著者ケン・ウィルバー氏は、万物は主観的象限・間主観的象限・客観的象限・間客観的象限の四つの象限のいずれかに入れることができると考え、これら四つの象限を統合する学問を統合学と呼び、学問は統合学に進化しなければ二一世紀を生き延びることはできないと主張した。統合学の代表は環境学であろう。環境と関係する地下水学は統合学でなければならないし、地震学もそうであろう。

　私たちは氏の考えを適用して、ＣＯＥプロジェクトの中で、世界文化遺産である中国雲南省の地下水の町・麗江古城《れいこうこじょう》を調査し、年間に四〇〇〇万人の観光客が訪れるという、面積わずか三・八平方キロメートルの麗江古城の魅力は、地下水がつなぎ手（インターフェイス）となって水循環―水共同体―水信仰―水文化という四象限の知を統合した「その統合性」にあると結論した。

心に関連して地下水について付言するならば、二〇〇九年に制作され、大きな賞も受賞した映画『ルルドの泉で』の舞台になったフランスのルルドの泉の奇跡は、よく知られている。ルルドの泉の水にまつわる言い伝えに、終末期の患者の心にやすらぎを与える何らかの効果があるのなら、単なる迷信とそれを片付けてしまうわけにはいかない。その効果を学問的に立証することも可能であろう。ただしそれを実証できるのは近代科学ではなく、新しい知に基づく統合的な学問である。

地下水が大部分を占める名水百選に人々が関心を持つのも、自然現象としての湧水についてというよりは、その湧水についての水利用や伝説など、そこに人々の歴史が絡んでいるからである。

本文に加筆したように、「昭和の名水百選」に続いて「平成の名水百選」も選ばれた。人々は語りつがれ、利用され、守られてきた名水が大好きなのである。科学は客観的事象（象限）だけを研究の対象にしてきたが、人は客観的な世界の中だけで生きているわけではない。文学や美術が人の心を打つのは、そこにある客観的世界にはないものに心を動かされるからである。

**動的なシステム**

地表水に河川流域という流動単位があるように、地下水にも地下水流動システムという流動単位がある。地下水流動システムは動的なシステムで、その動きには自然的原因のほかに人為的原因も関係している。

本文でも触れているように、熊本市は七三万人の水道水源を全量地下水に頼る珍しい都市であるが、熊本の地下水流動システムの範囲は白川《しらかわ》流域や熊本市域の範囲を越えて広がっている。熊本の地下水の主要な涵養源は、加藤清正の時代に新田開発された白川中流域の水田からの浸透水である。つまり熊本では（多分意識せずに）古くから河川水を地下水に転化させて利用してきた。

自然的プロセスとしても、例えば利根川《とねがわ》、庄川《しょうがわ》、黒部川《くろべがわ》などからは膨大な量の河川水が地下水に転化している。地下水と地表水はつながっているのである。

しかし二〇世紀後半の国の減反政策によって、重要な地下水涵養源であった水田からの涵養量が減少した。地球温暖化で降雪量が減ったため、融雪水による地下水涵養量も減った。小雪の原因となった地球温暖化は、人間活動の結果である。地下水流動システムを変化させる原因は、揚水《ようすい》だけではなく、河川の流況、水田の水はり、都市化など様々である。

首都圏では一九六〇年代に地盤沈下対策として揚水規制が行われたが、現在はその効果が現れ、地下水位が上昇しつつある地域も少なくない。自噴《じふん》が復活した地域もある。しかし新幹線の上野地下駅の浮き上がり問題のような、地下水位の回復による障害も発生している。

## 地下水はコモンズ

ポスト近代の地下水研究で緊急性の高い課題は、地下水と地表水の間には交流があると認識した上での「地域水循環システムの統合的な管理」であろう。「管理」という言葉は上から目線を感じるから嫌だというのなら、英語のまま「ガバナンス」としてもいい。最近ある知人が手紙をくれて、世界的な動きは“Groundwater management”（地下水管理）から更に一歩進めて、“Groundwater governance”（地下水ガバナンス）の確立を目指す方向に変わりつつある、と教えてくれた。

水は誰のもので、誰がどのように管理（あるいはガバナンス）すれば、そこに住む人たちの幸せにつながるのだろうか？

日本の法律では、河川水は公水だが、地下水は私水である。私は、「地下水はコモンズである」と考えるべきだと思う。コモンズの日本語訳は「共有財」であるが、「入り会い」の英語訳がコモンズだという説もあるように、コモンズは日本にも古くからあった考えである。コモンズとは、集団で所有している資源を指し、それを私的な利益のためだけに不適切に利用すると「コモンズの悲劇」が起きる。地盤沈下は不適切な地下水利用で生じた「コモンズの悲劇」の典型例である。地盤沈下の甚大な被害にこりて、国の地下水対策は揚水規制一本槍になった。しかし地下水は、私たちが「地域水循環システム」の中で適切に管理（またはガバナンス）しさえすれば、水資源や熱資源としても、貴重な地域環境要因としても、持続的に機能しうるのである。

コモンズの管理は古くて、しかも新しい課題である。二〇〇九年のノーベル経済学賞をエリノア・オストロム女史が「コモンズの経済自治に関する分析」で受賞した。しかし一九九七年のノーベル経済学賞は、世界金融危機の大元にもなった「デリバティブの価格決定法」という、経済活動を単なる客体と見た「デカルト的二元論に基づく幻想」に対して与えられていた。

彼女の受賞は、経済学の世界でも、ポスト近代への移行にともなう世界観の大きな変化があったことの現れであろう。受賞対象になった彼女の主著は、地下水利用の事例調査に基づく『コモンズを管理する』である。その要旨は次のようにまとめることができよう。

「コモンズの悲劇」は私有化とは違う第三の道で防ぐことができる。その原則は、①明確な境界の定義、②モニタリング、③段階的な拘束力、④争いを調整する関係者間のメカニズム、⑤規則と地域条件の一致、の五つである。

日本を例に「オストロムの五原則」について考えてみると、先進的な地下水利用地域では、この五原則の条件はすでにほぼ満たされている。

①の境界については、熊本市では地下水流動システムの範囲を科学的に調査して、地下水保全の対象範囲を市域の外まで拡げている。

②のモニタリングについては、地下水に関心のある地方自治体では、地下水位と揚水量の継続観測を行っている。

③の拘束力については、利用者集団による「自主規制」がその一例である。

④関係者間の調整については、私が座長としてまとめた環境庁（現・環境省）の報告『健全な水循環の確保に向けて』（平成一〇年一月）でも強調されており、関

係者の理解は進んでいる。

⑤規則と地域条件の一致については、「地方の時代」を迎えた現在では当然のことである。あとは実行あるのみで、現に熊本地域では、コモンズとしての地下水を保全するための先進的な施策が講じられている。ノーベル経済学賞を熊本地域の地下水関係者に与えてもいいのではないかとさえ、私は（勝手に）考えている。

## 千葉県のケース

私事にわたって恐縮だが、私は二〇一二年七月末の任期切れで、千葉県の地質環境対策専門委員会の委員をやめることにした。老老介護で家を離れることが困難になったからである。この委員会の前身は地盤沈下対策専門委員会で、その委員に任命されたのは助教授の時で、千葉県とは四二年もの付き合いになる。辞任するときに森田健作知事名の感謝状をもらった。しかし感謝したいのは私の方で、この委員会では、大学だけでは決して経験することのできない多くのことを学んだ。そこで得られた情報は、学会誌の論文から得られる情報よりも、はるかに重要なものだった。

この場を借りて、地域の地下水問題の実例として千葉県を取り上げ、地下水と社会との関係について少しだけ考えてみたい。私事を離れた一般論としても、地域の地下水問題には、人間のカウンセリングに似たところがあるような気がする。地下水問題とかかわる研究者には、対象地域との長い付き合いが必要である。地下水の「手入れ」がうまく行われている熊本地域や秦野《はだの》盆地でも、優れた地元の研究者たちが地下水の調査・研究に積極的・継続的に関与してきた。

私が千葉県の地下水と最初にかかわったのは、本文でも触れているように、五井《ごい》・市原《いちはら》地区における臨海工業地域の自噴停止問題だった。一万本をこえる上総掘《かずさぼ》りの井戸からの自噴がすべて止まったのである。類似の問題は高度経済成長期の日本では、各地で発生した。地盤沈下対策専門委員会の主題である地盤沈下については、地下水利用者側の「自主規制」が効果をあげた。

本文でも触れた「適正揚水量」を求める数値シミュレーションにも私は関係した。だからこれは自己批判でもあるのだが、「適正揚水量」は地下水利用の過去の経験でしか決まらない。数値シミュレーションで求めた「適正揚水量」は、意思決定の目安にしかならなかった。千葉県の地下水利用の現状は、地下水利用者と地下水行政担当者と市民が、揚水によって発生した様々なトラブルに対処して、試行錯誤をくり返しながら、ようやく到達したある種の平衡状態である。現実スケールのフィールド実験の結果だと言ってもいい。数値シミュレーションは近代科学の知だが、それはあまり役にたたなかった。いま日量にして千葉県で約五〇万トンの地下水が揚水されているが、これは試行錯誤をくり返した結果えられた、著しい地下水障害を起こすことのない「適正な地下水の利用量」である。近代科学の知にかかわる新しい知は「経験知」だった。地下水に関するこの新しい知には、専門家の知以外に世間の知も必要だったのである。その世間の知には行政・企業・住民が複雑に絡み合って関係している。

## 千葉県のケース2、3、4

千葉県固有の問題として、ガスかん水の汲み上げによる九十九里《くじゅうくり》地域の地盤沈下も難問だった。水溶性天然ガスを含んだ一〇〇〇メートル単位の深部の地下水（ガスかん水）の揚水による地盤沈下と、天然ガス＋ヨウ素の産出量が、トレードオフの関係になっている。天然ガスの可採埋蔵量は八〇〇年分あるということだし、ヨウ素は貴重な輸出資源でもある。だからこの問題には、地下水問題のほかに経済問題やエネルギー問題がからんでいる。長期的視点も必要である一方で、すでに浸水被害の起きている海岸地区では、すぐに地盤沈下を最小におさえる対策を考えなければならない。

この問題に関しては、五年間にわたり相応の費用をかけて調査した報告書を参考にして、天然ガス会社グループと県との協定を改訂することで一歩前進したが、これからも協定の見直し作業は続くことだろう。

地下水の水質問題では、ヒ素と硝酸性窒素による汚染が問題だった。ヒ素は海中で堆積した地層に由来する天然起源で、現在のところ有効な対策はない。インド亜大陸におけるほど深刻な被害は報告されていないので、人体に影響のない濃度レベルであるかどうか、地下水を注意深く利用するしかない。一方で硝酸性窒素の汚染源は施肥と家畜飼育である。これは千葉県だけの問題ではなく、関係する研究者の関心も高く、研究も進んでいるが、農業政策のからんだ難問であり、その対策には「統合的な知」が必要である。しかし残念ながら、この問題を直接担当する部署は私たちの委員会ではなかった。縦割り行政の弊害といえるだろう。

この委員会での私にとっての最後の議題は、高度経済成長期に、不法に地中に埋められた大量の工場廃棄物からしみだす水による、養老川《ようろうがわ》の水質汚染問題だった。養老川の水質は全国のワースト・ワンだった時もある。しかしその工場廃棄物を誰が埋めたかはわからない。土地の所有者は複数おり、転売もされている。法律で罰することもできない。最低限の汚染対策に、県はすでに億という単位の税金を使っている。

あまりの複雑さに、私は「この問題なら学位論文のいいテーマになるな」と、大学院生を指導していた時代の研究者の頭になりかかったが、県の担当者は適切な対策を講じて地元住民を納得させなければならない。

これは明らかに「臨床の知」にかかわる問題である。ガン患者に対する医師の立場に似ている。調査（検査）するだけでは事態（患者）は良くならない。廃棄物質（ガン）を土木工事（外科手術）で取り除くには費用がかかりすぎる。このまま放置すればいつ暴れだすかわからない。最適な対処（治療）法は何か？

地下水に限らず、このような複雑で臨床的な問題への対処法を示してくれることを、いま世間は専門家集団に求めている。フクシマ原発問題でも同じことが言えるのではないか。人間と自然が複雑に絡み合う時代になったから、今後このような難問はたくさん出てくるだろう。地下水の世界にも、「地下水ビジネス」や「小規模な深部温泉水の利用」などの新たな問題が出ている。求められているのは専門知そのものではなく、臨床的な問題に応えうる、専門知を踏まえた、「統合的な新しい知」である。時代が変わり、知のあり方も変わったのである。

二〇一二年一一月の誕生日で八〇歳を迎えて

榧根　勇

# はじめに　いま地下水の何が問題なのか

## 地下水と人間活動

最初に、地下水と人間活動とのかかわりを示す一つの貴重な記録をお目にかけたい。次ページの図は東京都文京区にある東京大学地震研究所の、深さ三八〇メートルの観測井《かんそくせい》の水位記録である。イギリスなどでは一〇〇年以上にわたる記録も珍しくないが、たぶん日本ではこれが最長の記録であろう。

一般に生産活動は、その過程で生じるエントロピーを捨てるための運び屋として水を必要とする。その水源のかなりの部分が地下水に求められたのは、地下水の豊富な日本では当然のことであった。もしも、エントロピーという言葉が分かりにくかったら、とりあえず、エントロピーは汚れ、水は雑巾と考えてもいい。汚れを拭き取るには雑巾が必要である。

アメリカから購入したロータリー式鑿井《さくせい》機で、日本鑿泉合資会社（現・株式会社日さく）が深さ一五八メートルの、日本最初の深井戸を東京府豊多摩郡落合村下落合

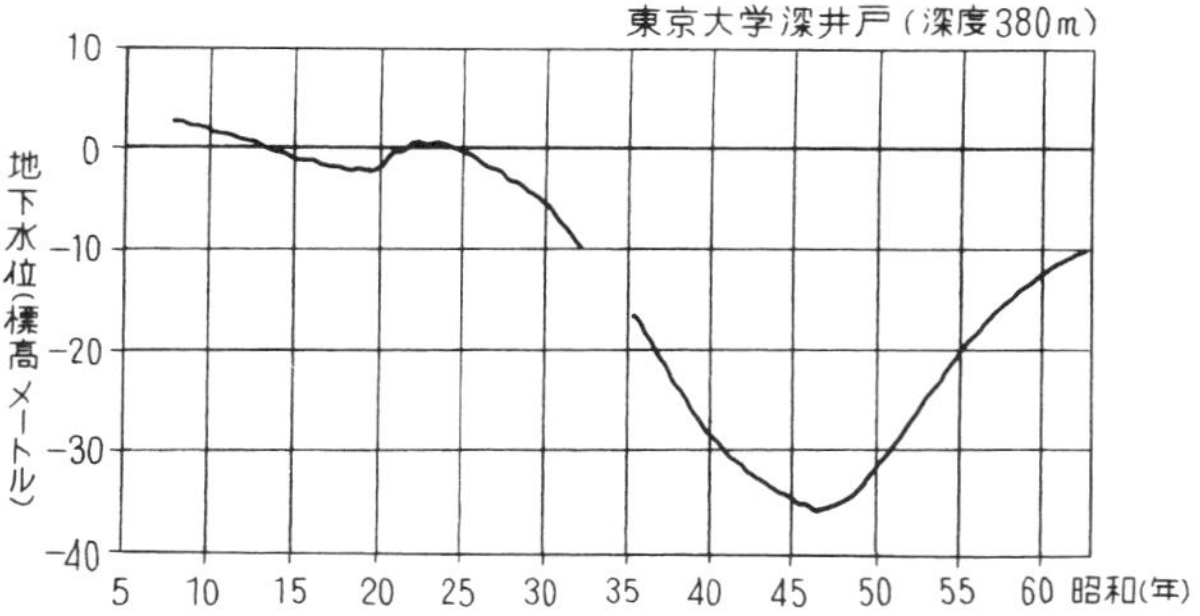

地下水位変動グラフ

（現・東京都新宿区）に掘ったのは大正二（一九一三）年であった。それ以前にも明治初期（一八七〇〜八〇年頃）には、すでに日本固有の技術である上総《かずさ》掘《ぼ》りによって、一〇〇メートルを超える掘抜き井戸が掘られていたが、もっとも人力によるため井戸掘りは房総半島のような軟岩地域に限られていた。

昭和初期から第二次世界大戦中まで、深井戸による地下水利用の増大につれて、東京の地下水位は緩やかな低下を続けた。戦中、戦後の東京都心部における生産活動の停滞は、地下水利用の減少による地下水位の一時的上昇として、この図に記録されている。戦後の急速な経済復興期には、地下水位は戦前よりもはるかに急な速度で低下を続けた。この地下水位の急低下は、東京の江東《こうとう》低地で観測開始後の累積最大で四・六メートルもの地盤沈下を発生させ、その結果として、東京湾の満潮水位よりも低い、広大な、いわゆる「ゼロメートル地帯」を出現させてしまった。

昭和四五（一九七〇）年は公害元年とも言われた年である。この年にジャンボジェット機が運航を開始し、光化学スモッグの被害が初めて報道された。人々の関心はこのころから、身の回りの環境問題にも向けられるようになった。東京の地盤沈下については、当時すでに沈下防止のための地下水揚水規制が実施されており、その効果が現れて昭和四六、四七年ころに地下水位は上昇傾向に転じた。この地下水位の反転が示しているように、東京都に代表される日本の地盤沈下対策は画期的な成果をあげた。この間の経緯については、第六章で詳しく述べることにしたい。

日本人の生活に少し余裕が生まれ、経済成長だけでなく、身の回りの環境問題にも積極的な関心が向けられるようになったのは、一九八〇年代に入ってからである。しかし気が付いたときには、地下水は各地で汚染されていた。そして湧水の復活が叫ばれ、名水やミネラルウォーターがもてはやされる時代になった。

第二次大戦後の日本を、地下水に注目してごく大まかに時代区分してみると、一九五〇年代から六〇年代にかけては資源としての地下水開発が優先された時代、一九六〇年代後半から七〇年代いっぱいは開発に伴う地下水障害の解決策を模索した時代、一九八〇年代は水環境の改善に積極的に取り組み始めた時代となる。そして一九九〇年代に入ると、地球環境問題が突如として世界中を駆けめぐるようになった。

地下水問題も地球環境問題も、その本質は、より良い生活を求める己の行為が己自身の生存の場を脅かすというジレンマにある。水を例にとると、私たちは水を使うことによって、さまざまな便益を引き出している。その結果として、水は汚れ、水温は上昇する。つまりエントロピーが増加する。その水の汚れや上昇した温度を使用前の状態まで完全に戻そうとしたら、得た便益とほぼ等しい支出が必要になるであろう。それでは水を使うことの意味がなくなる。

環境問題は、ひらたくいえば、人々が「らく」や便利さを求めた結果である。ヒトがらくを求めれば、ヒトをとりまく自然は必ず変化する。

ここで立場が大きく二つに分かれる。一方の極に、少しの変化も許すべきではないと、厳しい立場をとる人がおり、他方、同じ程度のらくを求めても、頭と技術の使い方によっては、その変化を少なくすることができると考える人がいる。前者の立場に立てば、何もしないのが最善ということになるが、人間はらくと自由を求め、欲望をふくらませ続けてきた動物である。今となっては、ソローの『森の生活』に戻ることはできない。

何もしないのが最善という袋小路から抜け出す一つの道は、水に注目することである。そして、らくをすれば自然も変化すると認めた上で、水循環の有効な利用法を考えることである。水は循環する過程で熱や物質を運び、生物を育てる。気候の形成、地形の形成、生態系の形成には、いずれも水循環が強く関与している。水循環のエネルギー源は、人類史という尺度で考えれば、尽きることのない太陽光と重力である。

水は循環することによって、すでに地球の進化史で莫大な仕事をしてきた。進化とは、生物をのせた地球の一方向への後戻りすることのない変化である。四六億年の地球の進化は、与えられた条件の下で、起こるべくして起こってきた。地球環境問題は、この進化の方向を人間活動がねじ曲げているらしいと気付いたときに、人類共通の大問題になった。しかしそれはまた、科学技術を手にした人間が、今後の地球の進化の方向の決定に積極的に関与できることも意味している。努力次第では、まだ何か手がうてるかもしれない。

望みは水にある。

**地下水たち**

地球は不均質で複雑な構造をもつシステムである。そのシステムの中を水は循環している。水循環の一環を占める地下水は、この複雑で、しかも地域によってそれぞれ異なる場の中を流動し、また人間とのかかわりに応じて流れの状態もさまざまに変化する。難しい言い方をすれば、地下水は三次元空間を時間とともに変化しつつ流れる、個性を持った四次元現象である。地下水に限らず、不均質な場で起きている個別性の強い現象は、これまで、一般性・法則性を追求する科学の研究対象とはなりにくかった。

このような地下水現象を考えるための基本は、まず地下水のいれものとしての地形や地質の成り立ちを明らかにし、次に地下水の流れを目で見えるようにすることである。

私は過去三〇年ほど、地下水を中心に、多くの人たちと共同で野外調査による水循環の研究を続けてきた。そして異なる場所で異なる地下水と出会い、それらの「地下水たち」とそこに住む人たちとのより良いかかわり方を模索してきた。それは苦しみでもあったが、また喜びでもあった。問題の解決の方向が見え始めたときや、自分の考えた仮説の正しさが確証されたときは、飛び上がりたいほど嬉しかった。

本書では、具体的な事例を引きながら、最も身近な水である地下水を観察し、理解する方法について述べ、地下水たちとの好ましいつき合い方を探ってみたい。そして、そのことを通じて地球環境問題についても考えてみることにしたい。

# 目次

地下水と地形の科学

# 地下水と地形の科学

水文学入門

# 第一章　地下水観を日本と西洋にみる

## 地下水脈

本屋で『共和主義の地下水脈』（一九九〇年、新評論）という訳本が目に止まった。ドイツ・ジャコバン派の一七八九〜一八四九年の活動についてH・G・ハーシスが著した本で、ドイツ語の原題は“Morgenröte der Republik（共和国の曙光《しょこう》）”である。地下水とは何の関係もない本である。訳者は、隠れたもう一つのドイツ史に光を当てたこの本の内容を、地下水脈という言葉に託したかったようである。

また、一九九一年一一月二二日の朝日新聞に「地下水脈　広がる南北の経済交流　北の変化を狙う韓国側」という見出しの記事が載った。その中には「これまでも南北の経済交流は地下水脈のように流れ続けてきた」とあった。

地下水脈という表現は、「目には見えないが脈々たる流れで、時間的または空間的につながっているもの」のたとえとして、これまでジャーナリストや文学者によって、好んで用いられてきた。

閼伽井屋の前の立札

## 二月堂のお水取り

お水取りのロマンも、古代人の地下水観を反映したものかもしれない。奈良の東大寺二月堂では、陰暦二月にお水取りの式が取り行われる。境内《けいだい》の丘の中腹にある閼伽井屋《あかいや》の前の立札に曰く。

屋内に井あり。東大寺にては修二会《しゅにえ》と称して毎年三月一日より二週間二月堂に於て十一面悔過《けか》法要を厳修し、十二日の深夜この井の水を堂内に汲み上げて観世音に供う。古来行の功徳によって平素空の井に若狭《わかさ》より香水《こうずい》きたるとの伝説あり。よって井を若狭井、法要をお水取りと呼ぶなり。

東大寺のお水取りに先だって、福井県小浜《おばま》市神宮寺《じんぐうじ》ではお水送りの行事が行われる。若狭《わかさ》から奈良まで、むかしの人々は、香水が地下水脈を通って流れてくると考えたのかもしれない。

### 水脈占い師

西洋には、この地下水脈を探す商売が最近まであった。次ページの上図は、一六世紀の有名な冶金《やきん》の教科書であるアグリコラの『デ・レ・メタリカ』に載っている、地下資源探査法の挿し絵である。中央の二股の木の枝を持って立っている人が水脈占い師である。水脈占い師を、英語でウォーター・ウイッチ（water witch）と呼ぶ。ウイッチには「魔女」の意もある。イギリスでは一九三三年に、イギリス水脈占い師協会（The British Society of Dowsers）が設立された。

モモ、ヤナギ、ハシバミなどの小枝を、次ページの下図のように、もとのほうを上に向けて両手で持って歩く。水や、鉱物のある場所へくると、この小枝が下を向いたり、ぐるぐる回り出すという。この方法は、地下の宝物探しや、犯人捜しにも用いられた。

この小枝または占い棒を、英語ではディバイニング・ロッド（divining rod）とい

『デ・レ・メタリカ』の挿し絵

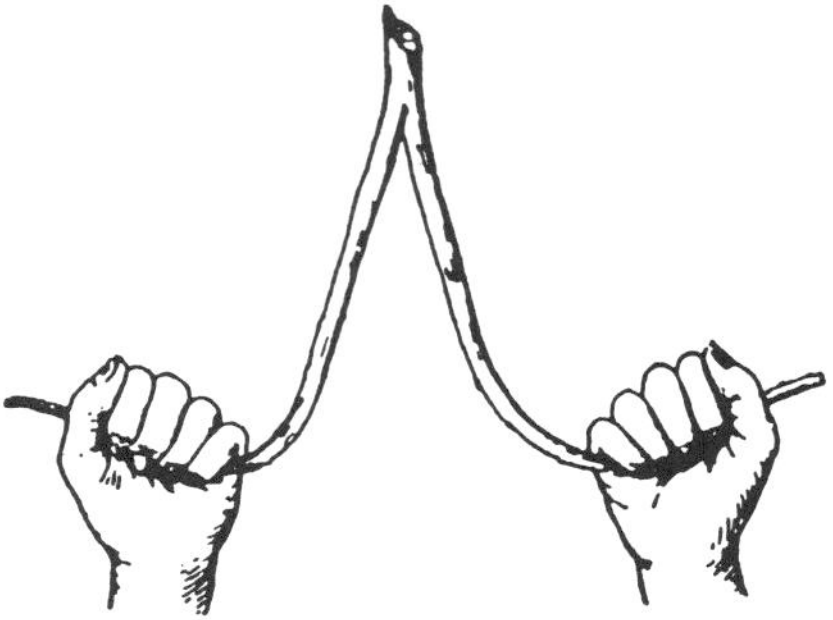

『占い棒・水脈占いの歴史』の挿し絵

う。ディバイン（divine）には「神の、神聖な」の意もあり、宗教とのかかわりがうかがわれる。一九一七年に、アメリカ地質調査所から『占い棒・水脈占いの歴史、文献付き（*The divining rod: A history of water witching, with a bibliography*）』という報告書が出ている。三重大学の森和紀教授のところで、この報告書が載っている *Water-Supply Paper* のバックナンバーを揃えたと聞いたので、森さんに頼んで送ってもらったコピーで調べてみたら、水脈占いに関する引用文献の数は実に五六九もあった。また一九三九年にはイギリスで、『占い棒の物理学（*The physics of the divining rod*）』という本も出ている。

わが国でも、茨城県の鹿島《かしま》臨海工業地域開発のとき、日本の業者は信用できないと、わざわざ北欧から水脈占い師を招いて、地下水探査をしてもらった会社がある。その占い師は、釣り下げた金属球を用いたそうである。

### 国際学会でも

私にも嘘のような経験がある。一九八四年夏のパリの第二五回国際地理学会議で、私が座長をしていたとき、インド人の大学教授が金属の輪のようなものを取り出し、これで地下水の探査ができると、突然話し出した。この人は飛び込みで、欠席者の穴埋めにと、私が担当した部会の英仏二人の総括報告者《ラポルトウール》のうち、英語担当の総括報告者が発表を許した人であった。発表中、付き人が盛んに写真を撮っていた。国へ帰ってから、国際会議でも認められたと、宣伝するためであろう。

この部会で発表するには、事前審査をパスしなければならず、遠くの国から来ていながら発表できない人もいたので、私は部会を閉じるとき、この発表の非科学性について触れ、遺憾の意を表明しなければならなかった。

発表者はすぐに、「理由はよくわからないが、この方法はよく当たる。何なら校庭で実験してもいい」と反論した。そう言われても、パリ大学の校庭で井戸掘りをするわけにはいかない。

「例えば、日本の関東地方には数万本の井戸があり、かつて井戸の分布図を作ったことがある。井戸の位置を点で示したその図は、点で真っ黒になった。水はどこででも出る。だからどんな方法でも当たる」

「いや、私の国は堆積岩ではなく、硬い岩盤地域だ。そんなに簡単ではない」

考えてもみなかったことだったので、私の対応も適切とはいえなかった。このときは、ここまでで時間切れになった。

## 西洋の地下水観

ライアル・ワトスンの『スーパーネイチュア』（一九七四年、蒼樹書房）には、「生物物理学」の見出しで、水脈占いに関する肯定的な記述が、一一ページにわたって載っている。ワトスンは、地下水の流れがひきおこす微小な電磁気的な性質を、特殊な能力を持つ人や動物は、感知できるのではないか、と思っているらしい。

ジャン＝ピエール・グベールの『水の征服』（一九九一年、パピルス）にも、水脈占い師について五ページにわたる説明があり、次のように結ばれている。

したがって、今日でも論争は終わってはおらず、科学的説明は厳しい試練の下にある。しかしながら磁場の役割は、すでに一九六二年、核磁気共鳴測定器の使用によって確認されている。この測定器は、水脈を探知すべき地域での杖の動きに反応を生ずるような、きわめて微弱な磁気的異常の存在を捕える装置である。他方、フランス人イヴ・ロカールによって明らかにされた磁場と《水脈占い人のサイン》との関係は、その後、ロシア、アメリカの学者の研究によって確認されているのである（同書）。

## 川崎直下型地震の前兆?

何事によらず、ある可能性をだれかが主張したとき、それを、そうではないと完全に否定することは、予想以上に難しい。考えうる可能性を、すべて否定しなければならないからである。

例えばある人が、ある仮説を立て、某月某日に富士山が噴火すると発表したとする。もしもその人にそれなりの肩書きがあれば、週刊誌は騒ぎ、世間の人々はその日のくるのを心配しながら待つであろう。現象の予測は、世間の人々が抱いている科学に対する最大の期待である。

私にもこんな経験がある。私は華人が子弟教育のために建てた私立の南洋《ナンヤン》大学の客員教授として、家族とともに一九七四年六月から一年間シンガポールに住んでいた。この大学は、現在は国立南洋工科大学に変わっている。当時すでにシンガポールには、空輸されてくる日本の新聞を宅配してくれる業者がいた。正確な日付は忘れたが、ある日の新聞に、川崎《かわさき》で数センチメートルの地盤の隆起が観測され、地震予知連絡会は直下型地震の前兆ではないかとコメントした、との記事が載った。私はすぐに、揚水規制で地下水位が回復したことによる地層の再膨張(リバウンド)だと思った。その理由は、すでに一九六九年に東京で開かれた第一回地盤沈下国際会議で、アメリカの学者がロサンゼルス近郊のロングビーチの事例から、地下水の人工注入による水圧の回復で、地盤沈下量の一〇〜一五パーセント相当のリバウンドがあったと報告していたからである。新聞のコメントは仮説か想像であるが、リバウンドが起こったのは事実である。

当時まだ日本には、地下水や地盤沈下の専門家は少なかった。私は、いたずらに不安をあおることのないように、投書しようかと思った。しかし、結局投書はしなかった。万一、偶然にしろ地震が起きたときのことを考えたからである。

地下水については、地下水の流れが時間とともに（非定常）変化するとき、わずかな電流が発生するのは事実らしい。そして、その変化を探知して、地滑りの予知に利用しようと研究している人もいる。したがって、「特別な能力を持った人や動物はその変化を感知できるかもしれない」と主張されれば、現段階では引き下がるしかない。

さらにまた研究者という種族は、未知のものへの好奇心が人一倍強い。「スーパーネイチャー」を認めたいという気持ちも、心のどこかに持っている。専門馬鹿が袋小路に迷い込みやすいことも知っている。その仮説にわずかでも可能性が残っていれば、研究者もその日のくるのを複雑な気持ちで待つであろう。水脈占いの物理を研究している人に、無駄だからやめなさいとは、だれも言えない。

## 水脈占い師の論理

西洋における、水脈占い師に関する長い歴史が語っていることは、要約すると次の三点である。（1）地下水は水脈のように流れている。（2）その水脈を見つけたい。（3）水脈探しは商売になる。

では、地下水脈など存在しなかったら、どういうことになるだろうか。当然、（1）が否定されれば、（2）も必要なくなり、（3）の商売も成り立たなくなる。日本で、西洋ほど水脈占い師がはやらなかったのは、地下水が出やすかったからである。この西洋と日本の違いは何に由来するのだろうか。

地形学や地質学の立場から、陸地は安定大陸と変動帯に二分できる。安定大陸は古い岩石からなるプレートで、そこでは地殻変動も少なく、長いあいだ水の作用による風化や侵食を受け、地表の凹凸が削られ、なだらかな地形になっている。これに対して、日本をはじめとして、現在も活発な地殻変動のある変動帯では、火山爆発や地震が頻発し、土地の隆起や沈降で地形は急峻になっており、勾配が大きいので水の侵食力も強く、山地の周辺には川が運んできた新しい土砂が未固結のまま厚く堆積している。

変動帯に見られる、未固結の新しい堆積層からなる地域と、安定大陸の、割れ目に富む固結した古い岩石の地域では、当然、地下水の流れ方が違う。後者のほうが、地下水はより「地下水脈」に近い流れ方をしている。日本では、新しく土砂が堆積してできた平坦な台地や低地に人が住み着き、井戸掘りをしてきた。水はほとんどどこででも出た。

水脈占い師の繁盛度は、このような自然条件の違いとも関係している。鹿島臨海工業地域ならば、どんなにへぼな水脈占い師でも、決して失敗することはない。ただし、だれにでもできる仕事は専門の職業とはなりえない。

## 地下水脈と水みち

砂層を顕微鏡で拡大してみると、粟《あわ》おこしのような構造をしている。粟粒に当たるものが土粒子で、粟粒をくっつけている飴に当たるものが水である。飴が間隙をすべて満たしている状態のとき、つまり地層が水で飽和されているとき、その水を地下水という。これに対して、不飽和状態の水が土壌水である。地下には土壌水と地下水の二種類の水しかなく、両者の境界を地下水面と呼んでいる。

地下水のうちで、温度の高い水が温泉である。なお日本の温泉法では、水温二五度以上の地下水を温泉とするほかに、二五度以下でも一定量以上の指定された溶存成分を含んでいれば、その水を温泉としている。日本の地下増温率は、深さ一〇〇メートル当たり平均約三度であるから、四〇〇メートルも掘れば「温泉」が出る計算になる。日本では温泉探しすらそう難しい仕事ではない。

温泉も含めて、地下水とは、地中の連続した小さな間隙を満たして、ゆっくりと、滲《し》みるように流れている水である。その間隙が比較的均等に分布しているとき、その地層中の地下水は、多孔体中の流れとして、数学的な取り扱いが可能になる。間隙の分布が著しく不均一で、間隙が割れ目や空洞のような構造を持つ場合には、亀裂系の流れとなり、数学的な取り扱いは難しくなる。

多孔体の代表は、同じ粒径の砂粒からなる砂層である。「近代の」地下水学はこの多孔体中の、井戸の周りの地下水の流れを、水路の中の水の流れを取り扱う水理学の延長として研究することから始まった。均質な砂層中には地下水脈は存在しない。ひとまず地下水脈の存在を無視することから、地下水学が始まったと言い換えてもいい。

地下水を含む水循環を研究する科学である水文学《すいもんがく》（hydrology）の専門用語には

「地下水脈」も、それに相当する欧米語の学術用語もない。その理由は特殊な場合を除くと、地下水は、地下を脈々と流れる川の流れよりは、多孔体中の一様な流れにアナロジーさせたほうが、より実態に近いからである。なお、水文学は「水の文学」ではなく、「水文の学」である。水文は天文、地文、人文の類語としてつくられた言葉と考えられ、わが国最初の『水文学』のテキストは、阿部謙夫《しずお》により「岩波講座　地質学及び古生物学　礦（鉱）物学及び岩石学」の一冊として一九三三年に出版された。

一方、水脈占い師は、地下水の「集中的に流れている」場所を、経験的に、あるいは霊感的に、探すことを商売にしてきた。

水脈占いで地下水脈が発見できるかどうかはおくとして、地下水が「集中的に流れている」場所は、例えば地下水の露頭である泉が、点として存在していることからも想像できるように、確かにある。ただし日本では、それを「水みち」と呼んでいる。水みちに対応する欧米語を、私は知らない。「現代の」水文学は、この「水みち」を含む地下水の流れを、水脈占い師に頼ることなく可視化することを可能にした科学である。

## 著しく遅い地下水の流速

私は若いころ、よく流速計を持って川に入り、流速の測定をした。川の流速は「秒速」数十センチメートルから数メートルである。秒速が一メートルを超えると、徒渡《かちわた》りは難しくなり、一・五メートルでは命綱が必要になる。洪水時の流れは秒速五メートル以上にもなる。これに対して、地下水の流速は「年速」数メートルから数百メートルと極めて遅い。

地下水の流速は、地層の水の通しやすさ（透水係数）と、地下水を流動させるポテンシャルの勾配（動水勾配）との積で決まる。式で表すと次ページ上のようになり、この式をダルシー式と呼んでいる。「地下水ポテンシャル」の概念は、地下水の理解の基本となるものであるから、あとで詳しく説明する。

この式の発見者であるアンリ・ダルシーはフランス人で、ディジョン市の水道設計を指導した上級技術者である。水道供給用の水を濾過するための、砂のカラムの大きさを知りたくて、直径三五センチメートル、長さ三五〇センチメートルの鉛直カラムをつくり、動水勾配とカラムを通過する水の量との関係を実験で調べた。この装置は現在の基準でも大型装置といえる。後世まで残る仕事は、人並以上の努力があってこそ生まれる。このダルシーの論文が発表されたのは一八五六年であった。

（地下水のダルシー流速）＝（透水係数）×（動水勾配）

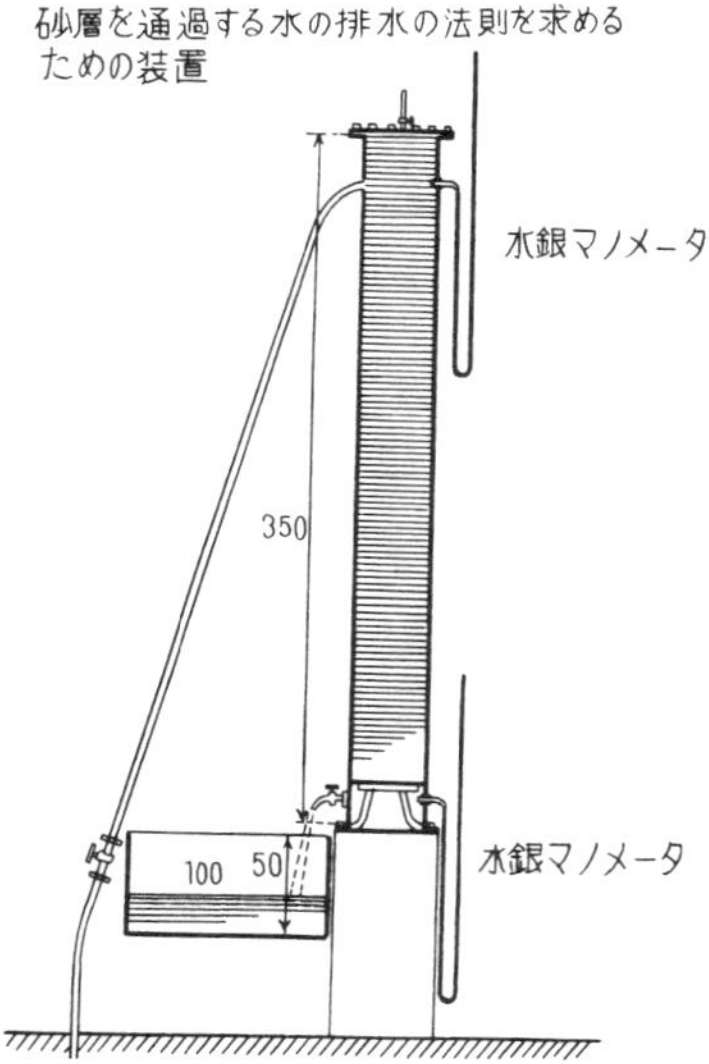

ダルシーが用いた実験装置

扇状地の地下水を例にとって、地下水の流速を計算してみよう。日本の扇状地では、動水勾配は地表面の勾配とほぼ等しく、一〇〇分の一くらいである。一〇〇分の一の勾配は、地下水面の勾配としては急なほうで、自転車で昇り続けるにはきつい。このように急な傾斜のところで、透水係数が〇・一センチメートル毎秒だと仮定する。この値は扇状地砂《さ》礫層《れきそう》のような、非常に水を通しやすい地層の透水係数に相当する。ごく

ダルシー流速＝0.1（cm/sec）×0.01＝315.4（m/yr）

細かい砂層の透水係数はこの値の一〇〇分の一、シルト層は一〇〇〇分の一から一万分の一くらいしかない。このように流速が速い場合を想定しても、ダルシー式で計算すると、上記のようになる。すなわち、年速三〇〇メートル強にしかならない。ダルシー流速は、地層の全断面を地下水が流れていると考えたときの流速である。実流速に直すには、その値を地層の有効間隙率で割ってやらなくてはならない。有効間隙率とは、流動している地下水が全地層の中で占める間隙の割合である。有効間隙率を〇・三（三〇パーセント）とすると、実流速は一年で一〇五一メートルになる。

この計算から、流速の点でも地下水を地下川にアナロジーすることはできないことがわかる。また、水脈という表現も適切とはいえない。

## 水理学から水文学へ

科学の歴史は、オカルト的なものを合理的なものへと変えてきた歴史でもあった。しかし、現代まで水脈占い師は生き残った。それは地下水に限らず、近代科学が不均質な場で起こる、不規則な現象の取り扱いに不慣れだったことが一因だと思う。まして地下水は目で見ることができない。これまで自然科学者は、数学という道具を使い、どんなに複雑な現象であっても、原理や法則に基づいて解こうと努力してきた。解けるか解けないかは、現象の複雑さの程度によるのではなく、規則性や秩序の有無によると考えていた。

また、たとえ不規則な現象であっても、それが完全に不規則ならば、統計や確率という手法が使える。私は勉強したことはないが、突発現象にはカタストロフィーの数学があり、混沌とした現象にもカオスの数学がある。しかし、数学の論理が使えるのは、その現象に論理性が内在している場合だけである。数学者は数学の研究をしているのであって、自然科学者のための道具造りをしているわけではない。

地下水の流れの様子は、数学を道具に使う水理学で解くことができるが、地下水が流れている場の条件、つまり地層の水文地質構造（具体的には、ダルシー式の透水係数の空間的分布）は水理学では解けない。水文地質構造を明らかにするには、現地で調査するしか方法はない。その方法とは、地中へ電流を流して調べる電気探査、大地に衝撃を与えて調べる弾性波探査、直接孔をあけて調べる地質ボーリングなどである。これらの方法は、調査に金がかかり、結果の解釈に主観のはいる余地が若干あるものの、いずれも有効な方法である。しかしどの方法にも、不均質な地下空間のすべてを調べ尽くすことはできないという、根本的な制約がある。

現代の水文学はこの制約を、古水文解析とトレーサー追跡によってかなりの程度まで解決した。古水文解析について解説するには、専門書が別に一冊必要であるから、本書ではあとで地下水たちを説明するとき、必要に応じて触れる程度にとどめ、ここではトレーサーについてだけ簡単に述べることにしよう。

## 地下水の持つ情報

トレーサーを日本語で追跡子という。むかしは塩水や蛍光染料などを井戸に投入し、それを下流側の井戸で検出して、地下水の流向や流速を調べた。しかし地下水の流速は、先の計算のように極めて遅いので、この方法で広い地域の地下水流動を調査するのは無理だった。

液体シンチレーションスペクトロメーター（放射線の強さを測る装置）や質量分析計で、地下水中のわずかな同位体濃度（同位体比）の測定が可能になったのは一九五〇年代で、それをトレーサーに利用した地下水の研究は、一九六〇年代に始まった。しかし、測定精度の向上と測定技術の普及によって、同位体による地下水循環調査法が確立したのは、一九七〇年代も後半になってからである。

同位体を利用すると、地下水の持つ時間情報と空間情報を読みとることができる。時間情報とは、その地下水がいつ地下水になったかという情報、空間情報とは、どこで地下水になったかという情報である。

時間情報は、天然の地下水中に含まれているラドン222、トリチウム（三重水素）、炭素14、塩素36などの放射性同位体を使って読みとる。ラドンで数十日、トリチウムで六〇年、炭素14で五万年、塩素36で一〇〇万年までの地下水の年齢測定ができる。原理は、発掘された木片から遺跡の年代を決定するのと同じである。たとえば、トリチウム（T）はHTOの形で普通の水素（H）とともに水分子をつくっている。天然の雨水中のHとTの割合はほぼ一定である。雨水が地中に入ると、Tの量（実際にはトリチウムが出す放射線の強さ）は、一二・四年の半減期で一方的に減少していく。つまり雨水の半分の強さの放射線を出す地下水の年齢は、一二・四年である。

空間情報は、安定同位体である二重水素と酸素18を使って読みとる。水の分子式は$H_2O$で、水素二つと酸素一つからできている。天然の水は二重水素や酸素18を含む重い水と、それらを含まない軽い水との混合物である。重い水は軽い水よりも、蒸発しにくく、凝結しやすい。海水は重く、水蒸気は軽い。また水の重さは、蒸発や凝結するときの温度と関係する。低温のとき軽くなり、高温のとき重くなる。例えば富士山の頂上で降る雨や雪は軽く、麓の三島《みしま》で降る雨や雪は重い。

つまり、天然の水には時間と空間を示す二枚のラベルが貼ってある。ラベルの文字のインクが同位体である。しかし文字は、かすれていたり、消えかかっているのが普通で、判読には技術が必要である。その技術が「現代の水脈占い師の占い棒」に当たる。

### バリ島の聖なる泉

バリ島のバツール山の南斜面の中腹、タンパクシリン近くの標高五〇〇メートルに、聖なる泉ティルタ・ウムプルが湧き出している。この泉は起源が一〇世紀の古い水浴寺院の境内にあり、バリの聖地の一つであるから、訪れた方も多いと思う。ヒンドゥーのインドラ神が、地面を打って、不死の秘薬を湧き出させたという言い伝えのある泉で、境内には、インドラ神をはじめとして、稲の女神デウィ・スリなど多くの神を祭る小さな社《やしろ》がたくさんある。その中の一つはバツール山神に捧げられている。

ティルタ・ウムプルから北へ、山道をカルデラ壁まで登り、キンタマニから眺めるカルデラ内のバツール湖も、バリの観光名所の一つである。この間の直線距離は約一八キロメートルである。バリにはたくさんの湧水があるが、バリの人々は、ティル

聖なる泉ティルタ・ウムプル

豊かな水量をたたえるバツール湖

タ・ウムプルに湧き出す水は、バツール湖から漏れ出してくると信じている。

一九八八〜一九九〇年の三年間、文部省（現・文部科学省）のＩＨＰ（国際水文学計画）関連の海外学術調査で「バリ島の水循環と水利用」の調査を行った。延べ参加人員は日本側は六大学二〇名、インドネシア側は二大学一研究所六名で、調査結果は三二〇ページの英文報告書にまとめ、全世界のＩＨＰ関連機関に配ってある。この調査では、水循環を追跡するために、海水、雨水、湖沼水、土壌水、井戸水、湧水、河川水、灌漑水、温泉水など、さまざまな水を約七〇〇サンプル採取し、その同位体比や水質を調べた。その中にティルタ・ウムプルの湧水も含まれていた。バツール湖は河川による出口のない閉塞カルデラ湖で、湖水は熱帯の強い蒸発のため濃縮されており、その安定同位体比は雨水よりも高くなっていた。また温泉系の地下水の混入で塩分濃度も高かった。調査隊の一員だった名古屋大学名誉教授の中井信行さんは、湖水と湧水との安定同位体比と水質を比較し、いずれの成分からも、この湧水にはバツール湖からの漏れ水が七〜八パーセント混じっていることを明らかにした。このように、同位体のほか水質も条件次第ではトレーサーとして使える。

古代バリ人の直感は間違ってはいなかったのである。

## 開聞町のそうめん流し

温度もトレーサーに使える。九州南端の池田湖《いけだこ》も閉塞カルデラ湖である。湿潤地域では、年降水量が年蒸発量よりも多い。したがってバツール湖や池田湖のような閉塞湖では、もしも湖底からの水漏れがなければ、湖水は川となってあふれ出すはずである。逆にいえば、流出河川を持たない閉塞湖からは、地下水による流出がなければならない。ここまではだれにでもわかる簡単な理屈である。理屈が通りにくくなるのは、漏れている地下水の水みちを探すときである。

一九七九年度の筑波大学地球科学研究科の大学院水文学野外実験は、鹿児島大学教授の塚田公彦さんのグループと合流して、池田湖で行われた。院生や若手教官は陸路をとったが、私は時間がなく空路になった。野外実験ではまず場所が決まる。もちろん出発前に下調べはするが、本当の実施計画は現地へ行ってみなければ決まらない。天候の変化も考えなくてはならない。日程や調査項目が変更になることはしばしばである。

野外実験のことを、私たちの業界言葉では巡検といい、巡検に当たる英語はエクスカーション（excursion）である。この語のもとになったラテン語で、ex は「はずれる」、cursio は「走ること」を意味する。大まかなコースだけを決めて、あちこち寄り道し、議論をしながら調べてまわるのが巡検である。定められたコースを時間どおりにたどる見学旅行は、もとの意味でのエクスカーションとは違う。ついでながら、シンポジウムとは古代ギリシャでは酒盛りのことで、酒を飲みながら、好き勝手なことを言い合うのが本来のシンポジウムである。巡検とシンポジウムは、対になったとき最高の効果を発揮する。

ところで、この巡検のメインテーマは、鹿児島へ向かう機中で、たまたま読んだ旅行案内に開聞町《かいもんちょう》（現・指宿市《いぶすきし》）のそうめん流しが載っていたことから、次の思考順序で瞬間的に決まった。

そうめん流しは夏の涼味である。水は冷たくなければ客は集まらない。夏冷たい水は地下水である。開聞町のそうめん流しは、池田湖のすぐ南にある唐船峡《とうせんきょう》の京田《きょうでん》の湧水を使っている。池田湖の中・底層水は特に冷たい。京田の湧水は池田湖からの漏れ水ではないか。そうだ、この巡検では、水温をトレーサーにして池田湖の漏れ水探しをやってみよう。

もう少し解説が必要かもしれない。池田湖は深さ二三三メートルの深い湖である。この湖の水温は、表層二〇〜三〇メートルを除くと全層約一〇・五度でほとんど年変化しない。上越教育大学助教授の佐藤芳徳君が、学位論文のテーマとして調査した結果によると、何年に一回かやってくる寒い冬に、表層水温が一〇・五度以下まで下がったとき、その冷たくて重い水が沈み込み、湖中にため込まれたのがこの冷水である。いわば寒波の缶詰である。冷水が沈み込んだ証拠は、寒い冬に湖の深層水の溶存酸素量が急上昇することでわかる。湖中にはわずかだが生物活動があり、溶存酸素が少しずつ消費される。その消費された酸素が、寒い冬に酸素を含んだ重い表層水の沈み込みによって補充されるのである。

私たちが巡検に行ったときには、ビデオカメラが常時イッシーの出現を監視していた。ネス湖のネッシーはまだ見つかっていないが、「池田湖のイッシーついに発見される」という記事をどこかで読んだような気がしたので、スクラップブックを探してみたが、見つからなかった。たぶんイッシーは、深層水の溶存酸素がなくなったとき湖面に浮上して、見つかってしまったのだと思う。もっともイッシーが酸素なしで生きられる怪物ならば話は別だが。

一般に地下水の温度は、その場所の年平均気温よりも一～二度高いのが普通であるから、池田湖周辺では一七度か一八度になる。したがって、池田湖の冷水は周辺の地下水と比べるとはるかに冷たい。もしも池田湖からの水漏れがあれば、温度で探知できるはずである。

調査の結果、京田の湧水の水温は一四・二度であり、池田湖の表層下部からの漏れ水であることがわかった。また湖の北側の港川の源流近くにも、河川水温の低い区間があり、池田湖からの漏水の寄与があることもわかった。その区間の谷壁にはシダ類が密生しており、その葉先から水がポタポタ滴り落ちていた。漏れは断層活動による亀裂系と関係していた。この結果は「池田湖の水はどこから漏れているか」という題で、一九八〇年春の日本地理学会で発表したが、活字になるのは本書が初めてである。

ちなみに、開聞町のそうめんは竹の樋《とい》の中をではなく、円卓上の円形水路の中を弧を描いて流れる。そうめんを流す力は、この水路の底に何ヵ所かあるノズルから噴きだす水である。町長さんのアイデアだとうかがった。町営のそうめん流しに私たちも舌つづみを打った。

野外調査とは、「神様が、時間と空間がともに実物大の実験装置を用いて密かに行った実験結果を、勝手に盗んでくることだ」と、私は思っている。結果はいつも、すでにそこに出ている。ただし、どんな実験が行われたか、またどんな条件で行われたかは、どこにも書かれていないし、だれも教えてはくれない。時間とともに変化する実験結果の中から、何を盗んでくるかを決めるのは、研究者自身の頭である。一期一会はフィールド・サイエンスの心でもある。

# 第二章　泉がいたるところに湧きだしていた

**佐久知穴**

赤松宗旦《あかまつそうたん》は文化三（一八〇六）年、下総国相馬《しもうさのくにそうま》郡布川《ふかわ》村（現・茨城県北相馬郡利根《とね》町《まち》）に生まれた。若くして医術や漢学を学び、成人ののち各地を歴訪して医術や地学を修めた。三三歳のとき布川村に帰り医を業とした。四九歳で、父の集めた資料に基づき『利根川図志』の編纂執筆に入り、安政五（一八五八）年、五三歳のとき『利根川図志』全六巻が完成した。ちなみに安政五年といえば、ダルシー式発表の二年後である。柳田国男校訂の岩波文庫版（一九三八年）によると、初版は六〇〇部余りだった。

私が一九七六年に筑波大学へ移った直後、流山《ながれやま》市の崙《ろん》書房という利根川関係を専門にする奇特な出版社の人が、官舎へセールスにきた。私はその奇特を貴とし、かなりの書物をまとめて買った。その中に一九七三年復刻の、帙《ちつ》入《い》り和《わ》綴《と》じ木版刷り『利根川図志』六巻が含まれていた。限定五〇〇部中の一五〇番だった。

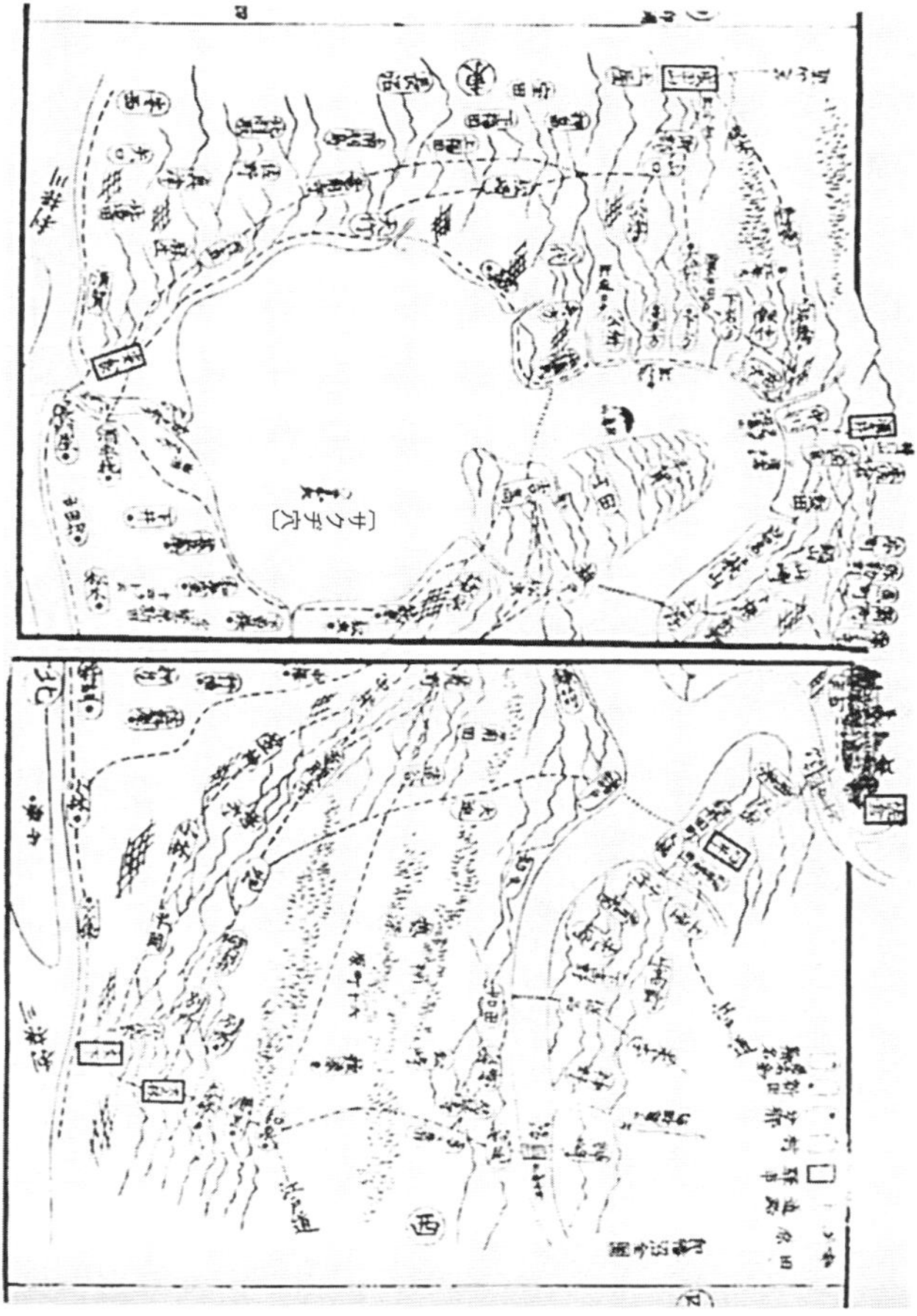

『利根川図志』の挿し絵　当時の村と水のかかわりがよくわかる

その巻四の冒頭は印旛沼《いんばぬま》である。その次には『佐倉風土記《さくらふどき》』をもとにした、次のような解説がある。

佐久知穴《さくぢあな》　印旛江の広き所、吉高《よしたか》の東北七八町沖の方に、大小の穴五つあり。その北なるを佐久知穴といふ。大《おお》さわたり三間計り《さんげんばかり》〔引用者注・約五・四メートル〕、深さ知るべからず。水涌き出る事　夥《おびただ》しく、水面より一二尺も高く吹上ぐる故、遠くよりよく見ゆ。夏に至ればこの穴の内へイナ（鯔《ボラ》の小なるもの、長さ六七寸〔約一八～二一センチ〕）多く集る（投網《とあみ》にて捕る）。

さらにこのあと、宗旦が友と三人連れで佐久知穴へ投網を打ちに行ったところ、すでに漁師三人が来ており、素人には無理だからと一網打ってくれて、イナが百二、三十四もとれたとの体験談が続く。挿し絵の印旛沼の中央右寄りに「サクヂ穴」がみえる（前ページの図参照）。

地下水を不可思議なものと思わせてきた理由の一つは、それがひとりでに湧くからであろう。沼の真ん中で三〇～六〇センチメートルも噴き上がる地下水を見たら、だれでも不思議に思うに違いない。印旛沼は下総台地に刻み込まれた沼で、近くに山があるわけではないからよけい不思議である。ただし、本当にこれだけの高さまで噴き上がっていたかどうかは、この資料だけからではわからない。定量的な証拠とはなりえないのが、この種の資料の限界である。同じ巻四の雨祈《あまいのり》の項に、

ト童云いけるは、印旛江の中なる佐久知穴《さくぢあな》に竜神住めり。われ是を頼み祈りなば忽《たちま》ち雨降るべし。

とあるから、地元の人々は古くから佐久知穴を神秘的なものと考えていたのであろう。明治期の地図には「甚兵衛渡（水神渡）」の記入もある。印旛沼は干拓されて、今ではそのごく一部しか残っていない。

**地下四〇〇〇メートルの構造**

干拓前の印旛沼は次の図のような奇妙な形をしていた。この沼の形を決めているのは、直交する一対の線分（以下、リニアメントと呼ぶ）である。引用文にある「吉高の東北七八町沖」の佐久知穴は、この沼のおたまじゃくしの頭の部分の南部にある、直交する何組かのリニアメントの交点に位置することになる。

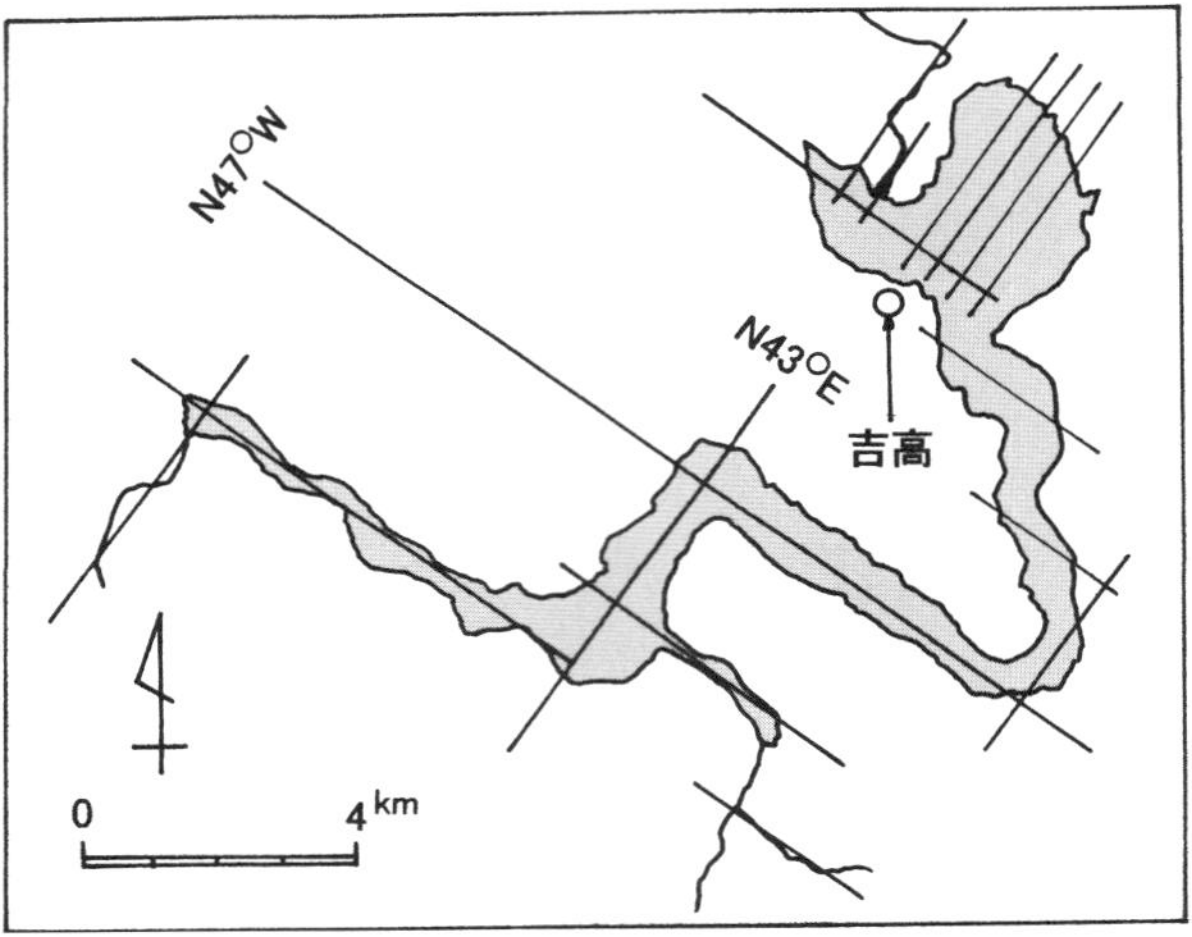


印旛沼を構成するリニアメント　（明治36・37〔1903・04〕年測図の5万分の1地形図「佐倉」と「成田」より作成）

この北四七度西のリニアメントは利根川の潮来《いたこ》から銚子《ちょうし》までの流れの方向と一致し、北四三度東のリニアメントは渡良《わたら》瀬《せ》渓《けい》谷《こく》の走行と一致する。また箱根《はこね》山《やま》—大山《おおやま》—筑波《つくば》山《さん》—塩屋岬《しおやみさき》は北四三度東の一本のリニアメント上に並んでいる。

この直交するリニアメントは関東地方の四〇〇〇メートルもの深部の岩盤中にも存在することが、地震探査データで確認されている。実は、関東平野の地形配置はこの一対のリニアメントに支配されているのであり、佐久知穴は関東構造盆地の深部を広域に流動する地下水の出口（流出域）の一つだったのである。地上に見られるリニアメントは、基盤岩中の構造的割れ目を反映したものである。同じ走行のリニアメントは佐渡《さど》にも、越後《えちご》平野にも認められるので、その成因はプレート運動の際に働いた力であろう。

**大鑽井盆地**

高校で地理を選択すると、かならずオーストラリアの大鑽井《だいさんせい》盆地（Great Artesian Basin）のことを習う。鑽は「穴をうがつ道具」であるから、鑽井《さんせい》は「井をうがつ」の意である。しかし鑿井《さくせい》は『広辞苑』にも『大辞林』にも載っているが、鑽井はいずれにもない。Artesian の訳語として、地理学者のだれかが造った言葉ではなかろうか。ちなみに鑽井盆地と大鑽井盆地は、ともに『広辞苑』（第四版以降、「大鑽井盆地」はあり）にはなく、『大辞林』にはある。Great Artesian Basin は、グレート・バリアー・リーフ（Great Barrier Reef）やアメリカの大盆地（Great Basin）などと同じく固有名詞であり、その取り扱いが編纂者によって違ったからであろう。グレートのつくこれら三つの地名には、狭いイギリスを飛び出して新大陸へ渡った移民たちの空間認識がよくでていると思う。

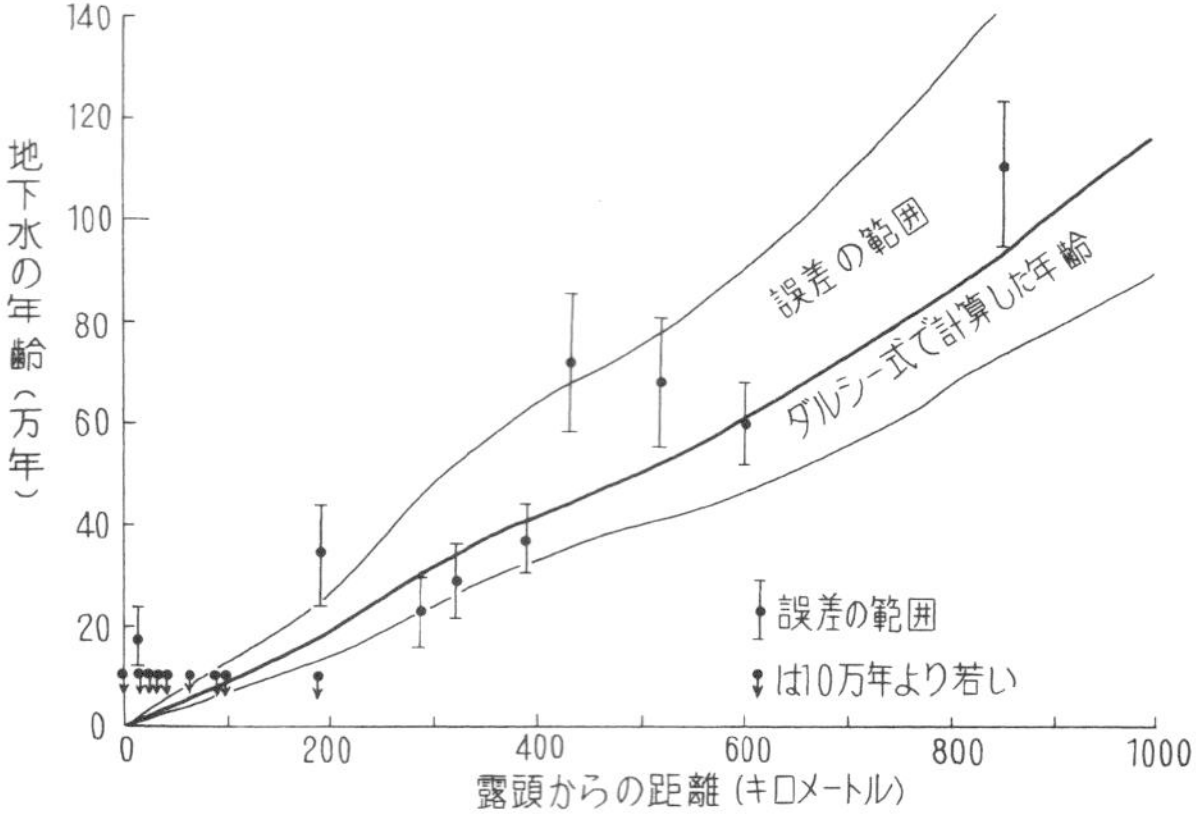


大鑽井盆地の地下水の年齢

大鑽井盆地の南西端に沿って存在するマウンド・スプリングスのひとつ（写真・中江智栄,『FRONT』2005年3月号）

大鑽井盆地はクイーンズランド州からサウスオーストラリア州とニューサウスウェールズ州にかけて広がる面積約一七〇万平方キロメートル、日本全土の四・五倍もある広大な地域である。乾燥ないし半乾燥地帯に位置し、羊と牛の放牧が主な産業である。雨は少なく、河川も頼りにならないので、家畜の飲み水は自噴する地下水に依存している。井戸の深さは五〇〇メートルくらいだが、深いものは二〇〇〇メートルもある。浅い地下水は自噴しないので、風車で汲み上げている。

この古い地下水は、高さ一〜二メートルの小山の頂上から自噴している。小山の上から地下水が流れ出すので、マウンド・スプリングと呼ばれている。この小山は、地下水中の溶存物質が大気に触れたことにより析出した物質が主体となってできたものである。

この自噴する地下水は、一九八六年に、放射性同位体である塩素36を用いた年代決定で、年齢一〇〇万年以上の古い水であることが判明した。この地下水は八五〇キロメートル離れた東部の山地で涵養され、ゆっくりと内陸へ向かって西または南西方向へ流れてくる。ダルシー式で計算してもほぼ同じ年齢がえられるので、一〇〇万年という数値に間違いはない。羊や牛は一〇〇万年前の水を飲んで育つ。私たちが食べる彼《か》の地のマトンやビーフにも、一〇〇万年前の降水が含まれているかもしれない。

## アルトワ井戸

自噴井《じふんせい》のことを、英語ではかつて専門書でもartesian wellと書いた。現在では、あいまいさを避けてflowing wellという。アーテジアンなる語は、北部フランスのアルトワ（Artois）地方に由来し、この地方で掘った井戸が自噴したことによる。一八世紀から一九世紀半ばにかけて、フランス、低地オーストリア、北部イタリアでは、アルトワ井戸による都市用水の重力による供給が一時期盛んに行われた。宗旦が佐久知穴から噴き上がる地下水に驚いていたころ、フランスでもアルトワ井戸から地下水が勢いよく自噴していた。

しかし水需要の増大につれて、アルトワ方式は廃れてしまった。つまり井戸が自噴しなくなったのだ。井戸数の増加による地下水圧の低下が原因だったと、私は思っている。ヨーロッパで廃れたこの技術が、新大陸オーストラリアへの移民に引き継がれた。アーテジアンという言葉は、学術用語としては用いられなくなったが、かつての辺境で地名として生き残ったのである。

一九八〇年の四月五日、私は西周り地球一周のオープン航空券を手に、四二日間世界一周の気ままな一人旅にでた。世界の三ヵ所で同時に用事ができたのが理由だったが、本心はこの機会に自分の眼で世界を比較見聞し、地球の未来について考えてみたいと、強く思ったからである。私たちのような地球を相手に研究をしている人種には、地球環境の時代はそのころすでに始まっていた。古いものを見ながら考えた旅の結論は、再生可能な水と土と緑にたよる以外に方法はないという、極めて平凡なものであった。

この旅の途中でアルトワ地方を訪れた。四月二六日にアムステルダムからパリのシャルル・ド・ゴール空港へ飛び、空港ホテルに一泊して道路地図を調べたが、アルトワという町はなかった。しかし、パ・ザン・アルトワ（Pas-en-Artois）という地名をパリの北一五〇キロメートルほどの、アミアンとアラスの中間付近に見つけたので、翌二七日プジョー104を借りてハイウェーA1を北上した。高速道路を小さな車で走っていては、ゆっくり風景も眺められないので、途中で田舎道に入った。道路は尾根と谷を交互に越えながらゆるやかに登り下りする。途中の丘の上に白い崖が見えたので近寄ってみると、水平な層理面をもつ石灰岩の露頭だった。土壌はほとんどない。

高校の地理の教科書では、パリ盆地がケスタ地形の典型例として紹介されることが多い。ケスタ地形とは、傾斜した硬軟の互層が侵食を受け、非対称の斜面をもつようになった地形のことである。侵食されにくい硬い地層が尾根とゆるやかな背面斜面をつくり、削られた軟らかい地層の部分が急な前面斜面と谷になり、平行した尾根と谷が交互に並ぶパターンを示す。パリ盆地を構成するケスタは第三紀層からなる地形で、硬い層を構成しているのは石灰岩である。典型的な石灰岩は三層あり、石灰岩と石灰岩のあいだに礫《れき》、砂、シルト、粘土などの地層が挟まっている。このように石灰岩が広く分布しているので、次の章で述べるようにパリの水は硬くて、まずい。

パリの北ではベルギーとの国境付近まで、河川はみなセーヌ川と平行して北西流し、イギリス海峡へ注いでいる。この地域もやはりケスタ状の地形で、南西斜面がゆるやかな背面、北東斜面が急傾斜の前面になっている。私はその尾根と谷を斜めに横切りながら北進したわけである。

パ・ザン・アルトワはこのような川の一つ、オティ（Authie）川の支谷にある小さな集落だった。この川はアラスとアミアンの中間付近にある町ドランの中央を横切って流れており、湧水を集めて、流域面積の割にはとても水量が多い。石灰岩の地域では地層の割れ目が多く、川は発達しない。地中へ浸透した降水は石灰岩に挟まれた堆積岩を満たして、弱いところから地上へ湧き出して川となる。

ここまで来た記念にと、Artoisという文字を探してみたが見つからず、ようやく

ケスタ頂部の石灰岩

アルトワで見つけた看板

撮ったのが前ページ下の写真の看板である。ピカルディ州アルトワ地方の浄水施設を示す看板らしい。アルトワは地方名で、たとえば「下総《しもうさ》」を千葉県で探すのに似ている。何の準備もなしに来た日本人が、道路地図だけで探すのは無理だったようである。ホテルで立てた計画ではリールまで車で行き、飛行機でパリへ戻る予定だったが、まだ昼を回ったばかりだったので、パリのオルリー空港までドライブを楽しんでから、レンタカーを返し、翌二八日の朝、次の目的地バルセロナへ向かった。

**掘抜き井戸**

わが国には、自噴井《じふんせい》を掘抜き井戸と呼んでいた地域もある。硬い地層を掘り抜いたら、地下水が噴きだしたからであろう。しかし、掘抜き井戸と自噴井は同義ではない。今でも田舎では「この井戸は掘抜きです」などと言う古老がいるが、単に深井戸を指している場合もあるし、手掘りでない井戸をそう呼んでいる場合もある。ついでながら、深井戸と浅井戸の区別もあいまいである。便宜的に深さ三〇メートル以上の井戸を深井戸と定義した統計例もあるが、もともと掘抜き井戸も深井戸も、ともに厳密な定義なしに使われてきた慣用語である。

かつて千葉県の五井《ごい》・市原《いちはら》地区には上総掘りの自噴井が一万本以上もあり、湧き出す地下水は水田の灌漑、海苔の洗浄、あるいは家庭用水などに使われていた。私は市原市の依頼で、一九六八〜七三年の五年間、岩崎尚さん（東北農業試験場長）や高村弘毅さん（立正大学文学部長）たちと共同で、五井・市原地区の地下水調査を行い、『地下水資源の開発と保全』（一九七三年、水利科学研究所）という編著を纏めている。この調査の後半には、水研究家として活躍している嶋津暉之さんも加わり、工業用水の合理化調査を担当してくれた。岩崎さんと一緒に行ったコンピュータ・シミュレーションは、わが国の地下水広域流動シミュレーションの走りではなかったかと思うが、当時はまだ水平二次元の計算がやっとだった。それから約一〇年後に、トリチウムとコンピュータがより自由に使えるようになってから、東京都立大学（現・首都大学東京）助手の近藤昭彦君が、同じ市原をフィールドに、地下水の三次元流動について面白い学位論文を仕上げた。

移転前の市原市役所は五井にあった。その市役所前の地下水観測井は自噴井で、昭和三五（一九六〇）年七月に深さ二五〇メートルの観測井が掘られたとき、地盤標高二メートル、地下水位三・六五メートルで、地下水位は地表面より一・六五メートルも高かった。観測井の井戸管が地上に突き出ており、櫓《やぐら》が組んであった。梯子に登って地下水位の観測をしたのである。当時の自噴量は、私たちの推定によると、五井・

市原・姉崎《あねさき》・市津《しづ》・三和《さんわ》五地区の総計で日量約一三万トンもあり、自噴井はまだ七〇〇本以上も残っていた。この豊富な地下水をたよりに計画されたのが、京葉（五井・市原）臨海工業地域の開発であった。

## 五井・市原自噴帯の後退

千葉県が五井・市原地区埋立造成事業のうち、市原地先《ちさき》三〇万坪の造成について日本住宅公団（現・独立行政法人　都市再生機構）と事業委託協定を締結したのは昭和三三（一九五八）年四月であった。地元住民は工業用水の採取による地下水枯渇の危険性に早くから気付いていたようである。すでに昭和三二（一九五七）年一〇月に、千葉県知事と五井町川岸開拓農業協同組合との間で交わされた工業用地造成計画に関する仮協定書の中に、「工業用水に地下水を利用したため、既存井戸の湧水が減少した場合、必要あるときは、甲（知事）は、減水の度合に応じ水道敷設費の補助、その他必要な施設を講ずるものとする」との一条がある。

自噴していた地下水が止まるのは、地元の人にとっては水道が止まるのと同じほどの大事件であった。

この調査で、高村さんは市原市全域の約二万四〇〇〇戸を対象に、アンケートによ

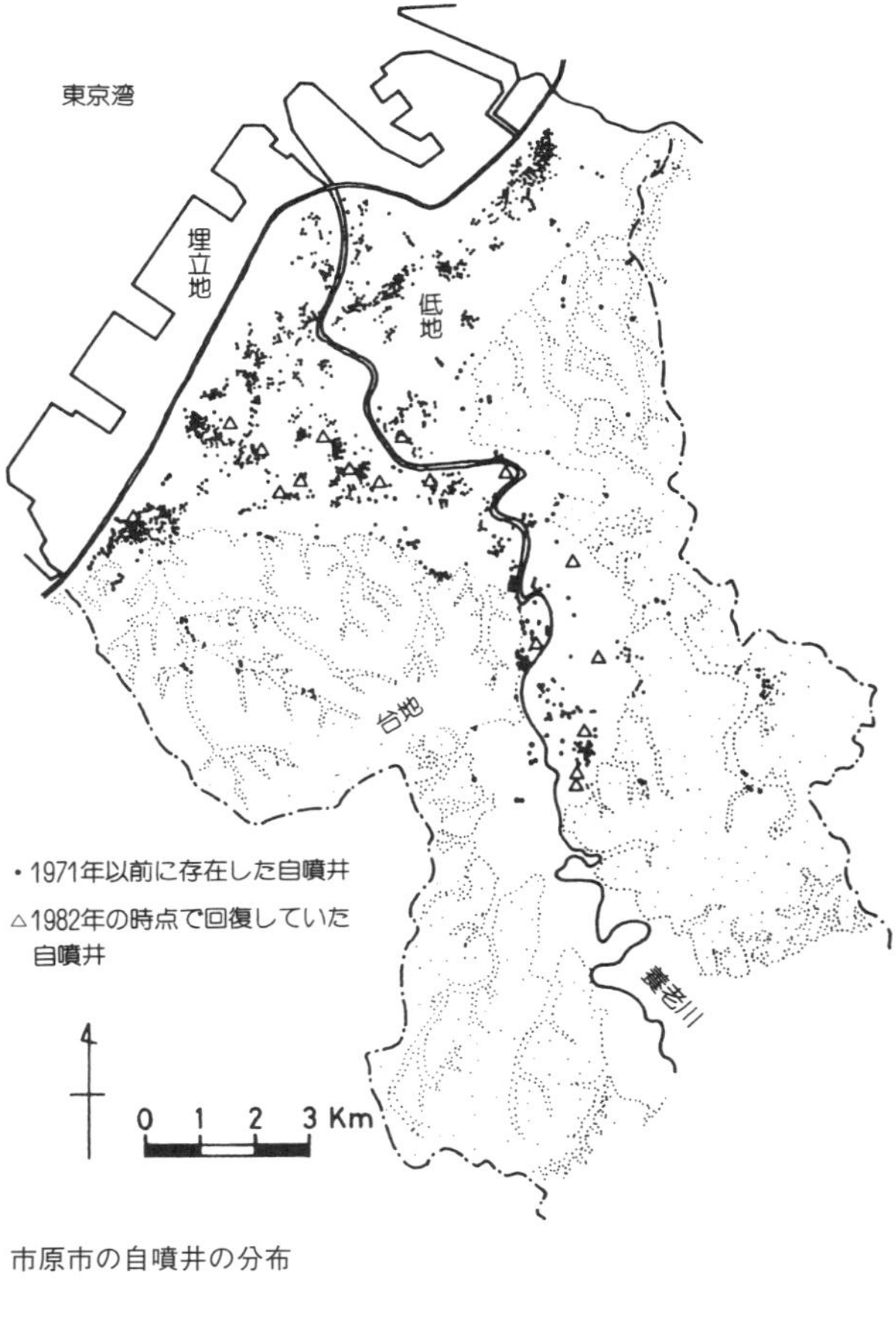
東京湾
埋立地
低地
台地
養老川
・1971年以前に存在した自噴井
△1982年の時点で回復していた自噴井
0 1 2 3 Km

市原市の自噴井の分布

る自噴井の自噴停止年・月の調査を行った。その結果、約一万二〇〇〇通の回答が得られ、位置を確認することのできた一九〇〇本の井戸のデータから、井戸の深さ別に、自噴停止年を色分けした六枚の分布図を作ることができた。最も深い井戸は六〇〇メートルを超えていた。この調査で、臨海工業地域における地下水利用の増大につれて、自噴帯の境界が年々内陸へ後退してきたこと、自噴量が年々減少してきたこと、そして同じ場所でも自噴の停止年・月が井戸の深さによって異なること、の三点が明らかになった。自噴停止は、工業用水を取水している帯水層（地下水を帯びている地層）で、その上下の地層よりもより早く起きていた。

上総掘りの井戸は、井戸側に竹を用い、井戸の底には「かごめ」と呼ぶ穴のたくさんあいた取水籠《しゅすいかご》がつけてある。地下水は「かごめ」から井戸側の中へ入り、地上から湧き出す。したがって自噴が停止したということは、その場所の「かごめ」の深さにおける自噴停止時の地下水のポテンシャルが、地表面の標高に等しかったことを意味する。私たちは、はからずも地下水ポテンシャルの三次元分布の時間変化を示す「実測データ」を手にしたのである。この成果は一九七六年にモスクワで開かれた国際地理学会議で発表したが、当時としては世界でも珍しいデータだったと思う。

なお、この地区の地下水位は、工業用水の揚水規制により、一九七一年に回復傾向に転じ、以後上昇を続け、現在では自噴を再開した井戸もかなりみられる。もう地下水は涸れてしまったものと、自噴停止した井戸の上に家を新築したところ、縁の下の井戸が自噴を再開し困っている家もある。

　自然には回復力がある。

## 浪井

　中国江西省の古城、九江市に「浪井《ルーチン》」という井戸がある。一九九二年五月に、私が名誉教授をしている河南省の焦作鉱業学院で集中講義を行った帰路、武漢から九江まで揚子江（長江）を船で一泊して下り、古生層からなる名山、廬山を見物したあとまた九江へ戻り、ここから船で上海までさらに二泊三日の川下りをした。九江で船を待つ間にこの井戸を見つけた。井戸のかたわらの碑記によると、この井戸は原名を灌嬰井、またの名を瑞井といい、長江に立つ風波に応じて井戸の水位が変化することで有名だった。現在は長江の岸から六〇メートルも離れているが、当時の河道は今よりも南にあり、もっと岸に近かったらしい。唐の李白（七〇一～七六二）が詠んだ次の詩にちなんで、浪井と呼ばれるようになったという。

浪動灌嬰井　潯陽江上風
開帆入天鏡　直向彭湖東
落景転疎雨　晴雲散遠空
名山発佳興　清賞亦何窮
石鏡挂遙月　香爐滅彩虹
想思倶対此　挙目与君同

観光案内でこの井戸のことを知り、ぜひ見たいという私に、車を用意してくれた中国煤炭部の若い運転手は、「もう埋められてしまった」と言う。自分で探すからと、無理に川岸の道路へ車を止めさせ、探すことしばし、見つけたのが次ページの写真のものである。写真を撮って帰ってみると、車が消えていた。その日は何かの行事で、その道路は駐車禁止になっており、運転手は免許証を取り上げられてしまったという。同行した焦作鉱業学院の孫峰根教授が「日本からのお客様を案内したのだから」と、これも若い交通警官とかけあったが、「私たちも東京で交通違反の取締りを習ってきた。例外は認められない」と譲らない。駐車禁止の標識はなかったが、運転手には事前に通達があったらしい。無理を言って悪いことをしたと、気が晴れなかった

浪井をのぞきこむ著者

九江市の裏町　中央の瓦屋根の下が浪井

が、あとで聞いたところでは、市の上層部のはからいで免許証は無事に戻ったそうである。浪井のことを書くときは、ぜひこのことも忘れずにと念をおした、日本びいきの孫さんとの約束がこれではたせた。

浪井が揚子江の水位変化に反応することからもわかるように、地下水は圧力を伝える。井戸は圧力計でもある。圧力変化には、被圧井戸が特によく反応するが、不圧井戸も反応する。海岸近くにある砂丘の不圧井戸の水位が潮汐に反応することは、よく知られた事実である。

神奈川県温泉地学研究所の前所長だった大木靖衛さん（新潟大学教授）は、地震予知のための「なまずの会」を組織したことで有名である。会員は自分の井戸の水位などを毎日定められた方法で測定する。気圧や降雨に対する自分の井戸の水位の応答特性をあらかじめ調べておき、その分を差し引いてもなお異常と判定される水位変化が観測されたら、本部へ直ちに通報する。もしもその直後に地震が発生したら、「あたり」である。あたりは白丸、はずれは黒丸で、会員の星取り表ができている。この表による限り、かなりよい成績であると聞く。

地下水位の地震予知への利用は、地震の前駆現象として地殻の圧縮または引っ張りが生じた場合、井戸の水位はその応力変化に反応するのではないか、との考えに基づいている。ただし、すべての地震の前に水位変化という前兆現象が現れるわけではないので、確実な予測法とは言えない。

## 地下水は水圧では動かない

地下水は圧力変化に反応するが、地下水を動かしている力は圧力ではない。地下水の運動の原理を理解するには、まず地下水ポテンシャルの概念を理解しなければならない。ここからしばらくは内容が少し難しくなるので、面倒だったら飛ばしてもらっても本書を読みすすむのに支障はないと思う。しかし、地下水についての理解をさらに一段深めるために、できたら挑戦してみていただきたい。大学で専門教育を受けた人でも、このことを十分に理解している人は少ないので、ここを通過できた人には地下水学の単位を一単位あげてもいい。

アメリカのヒューバートが、地下水ポテンシャル（彼は流体ポテンシャルと呼んだ）に関する一八四ページもの長い論文を発表したのは、一九四〇年のことであった。この論文は一九六九年に、彼のその他の論文と一緒に単行本として出版されたが、その本の「まえがき」で彼はこう述べている。

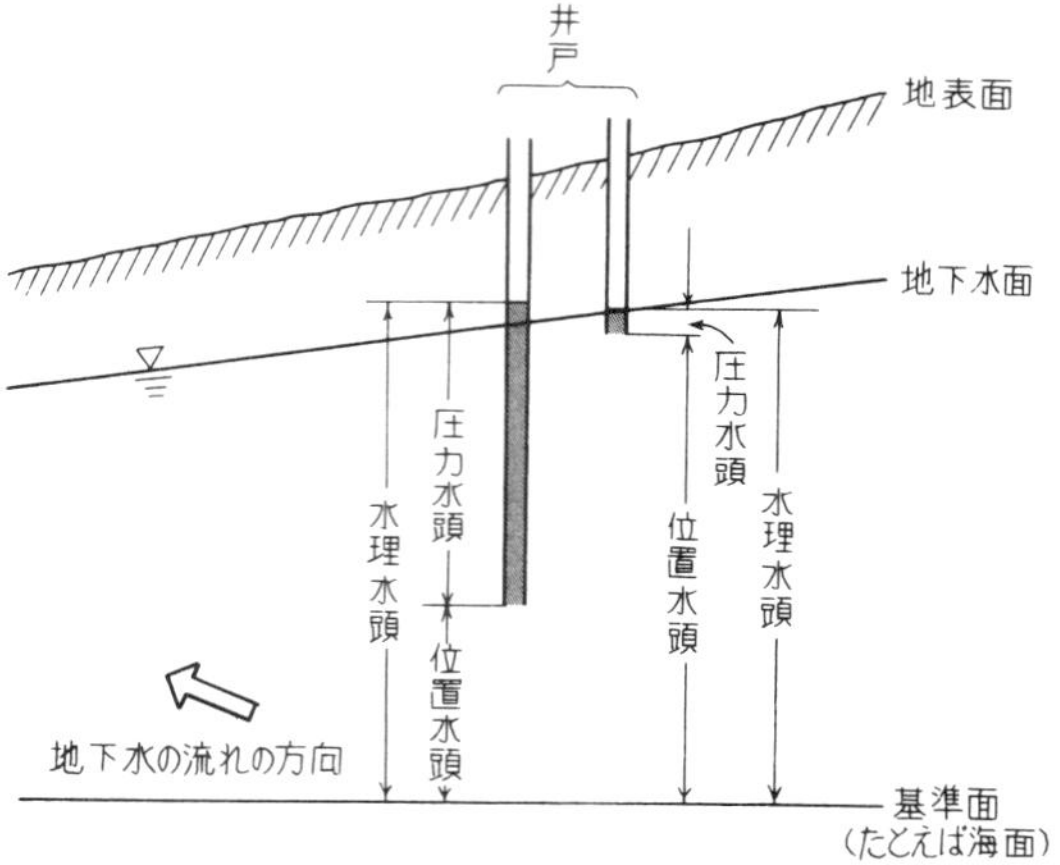


地下水ポテンシャルを示す模式図

著名な地下水の教科書には、一般に地下水は動いており、帯水層中の圧力は運動の方向に減少する、と書かれているが、これは間違いである。

彼の論文が発表された一九四〇年当時、アメリカでは水文地質の研究が地下水研究の主流で、物理的な考察はまだ不十分であり、最も権威ある地下水の教科書にもそのように書かれていた。しかし、よく考えてみれば簡単にわかることだが、地下水が涵養される地域では、地下水圧は深さとともに増加するのに、地下水は圧力の高い下方へ向かって動く。

圧力ポテンシャル＋重力ポテンシャル
＝地下水ポテンシャル

水平に敷設された水道管の中の水は、水圧の高いところから低いところへ流れるが、給水塔からその水道管へ流れる水は、水圧に逆らって流れるのと同様である。条件次第で、地下水は水圧の高い方向へも、低い方向へも、動くことができる。

ダルシーはカラム実験を行い、その結果を整理して、地下水の流れがオームの法則と同じ数式で表現できることを明らかにした。それによって、地下水も電流と同じように、ポテンシャルに支配された「ポテンシャル流れ」であることが明らかになった。

ヒューバートは地下水を動かしているポテンシャルについて、理論的に、つまり純粋に頭の中だけで考えた。彼はそれまで地下水の研究をしたことはなかったが、物理学は知っていた。質量保存の法則と熱力学の法則だけがたよりだった。そして、地中の流体（地下水・石油・ガスなど）の運動を支配しているポテンシャルを、次のように定義した。

「与えられた位置に、与えられた状態で存在する水のポテンシャルは、単位質量の水をある任意の標準状態から、その与えられた状態にまで変化させるのに必要な仕事量に等しい」

今では、この論文は地下水学の最も重要な文献の一つになっている。

地下水は、このように定義されたポテンシャルの高い所から低い所へと流れる。地下水の存在状態は、速度・密度・圧力・高度の四つの物理量で表すことができる。このうち速度の影響は、地下水の流速が非常に遅いので、無視できるほど小さいことがわかっているので、考えなくてもいい。いま、AとBの二つの状態の地下水を考え、Aでは密度一・圧力一・高度一、Bでは密度二・圧力二・高度二であるとする。Aの状態にある水を、Bの状態に変える（つまり一の状態を二の状態に変える）ためには、仕事をしなくてはならない。その仕事に費やしたエネルギーが、Aの状態の水とBの状態の水のポテンシャルの差になる。以上の説明を数式で表すと、最終的に地下水ポテンシャルは前ページの上のように書ける。

この地下水ポテンシャルは、ピエゾメータで簡単に測定することができる。ピエゾメータの構造は上総掘りと同じで、水を取り入れる「かごめ」に当たる部分（スクリーンという）が一ヵ所しかない井戸をいう（ただし一般にピエゾメータの直径は井戸の管径よりも小さい）。ピエゾメータの中に現れた地下水位の、基準面から測った高さが、地下水ポテンシャルである。また、圧力ポテンシャルはスクリーンから地下水位までの高さ、重力ポテンシャル（位置ポテンシャルともいう）は基準面からスクリーンまでの高さである。普通、基準面には海面を用いるので、その場合の地下水ポテンシャルは、ピエゾメータの中の地下水の標高水位に等しいことになる。地下水ポテンシャルをこのように長さの次元で表したとき、それを水理水頭ともいう。水頭はhead の訳語である。

ところで、スクリーン（screen）のことを、井戸屋さんはストレーナー（strainer）といい、研究者でもそのように使う人がいる。辞書を引いてみると、strainer の訳として「濾過器」も載っている。しかし、井戸の screen は水を濾過するためにではなく、集水するために設けられている。英語世界では、学術用語として strainer は使われていない。ある官庁の委員会で、「原稿にあるストレーナーは、すべてスクリーンに直すべきでしょうかね」と尋ねられ、「screen のことを日本語でストレーナーと呼ぶ、という了解ができているのなら、ストレーナーでもかまわないでしょう。ただし、この報告書を英訳する場合には、ストレーナーは screen と訳すように注意してください」と、意地悪な答えをしたことがある。いったん定着した言葉を変更するのは、思いのほか難しいものである。

先に述べたように、市原市では、同じ場所で、ある深さにスクリーンを設けた自噴井は自噴を停止したのに、その上下の帯水層から取水する自噴井は自噴を続けていたという事実が確認されている。このように、特定の帯水層から大量の揚水が行われていたり、揚水がなくとも地層の層厚が厚い場合には、地下水ポテンシャルは同一地点でも深さによって異なる。地下水ポテンシャルに鉛直方向の差があると、水平面を横切る方向の地下水の流れが生じる。地下水が自噴するのは、その場所における地下水ポテンシャルが、深い地層におけるほど高く、スクリーンの位置における地下水の水頭が地表面の標高よりも高いからである。

**砂丘湖**

均質な砂からなる砂丘の地下水を考えてみる。砂は透水性が高いので、砂丘上に降った雨はすべて地中へ浸透する。そして、蒸発する水以外はすべて地下水になる。この地下水は砂丘のへりで地上へ湧き出す。均質な砂丘でも、人間の手の加わっていない段階では、砂丘のへりに新たに井戸を掘ると、初期には自噴した。硬い地層を掘り抜かなくても自噴したのである。

海岸の砂丘は波で運ばれてきた砂粒が、風で飛ばされてできたものである。砂がどんどん運ばれてきて、海岸が海へ向かって前進すると、背後に砂丘列ができる。例えば新潟平野には幾列もの砂丘列があり、砂丘は畑や果樹園に、低地は水田に利用され

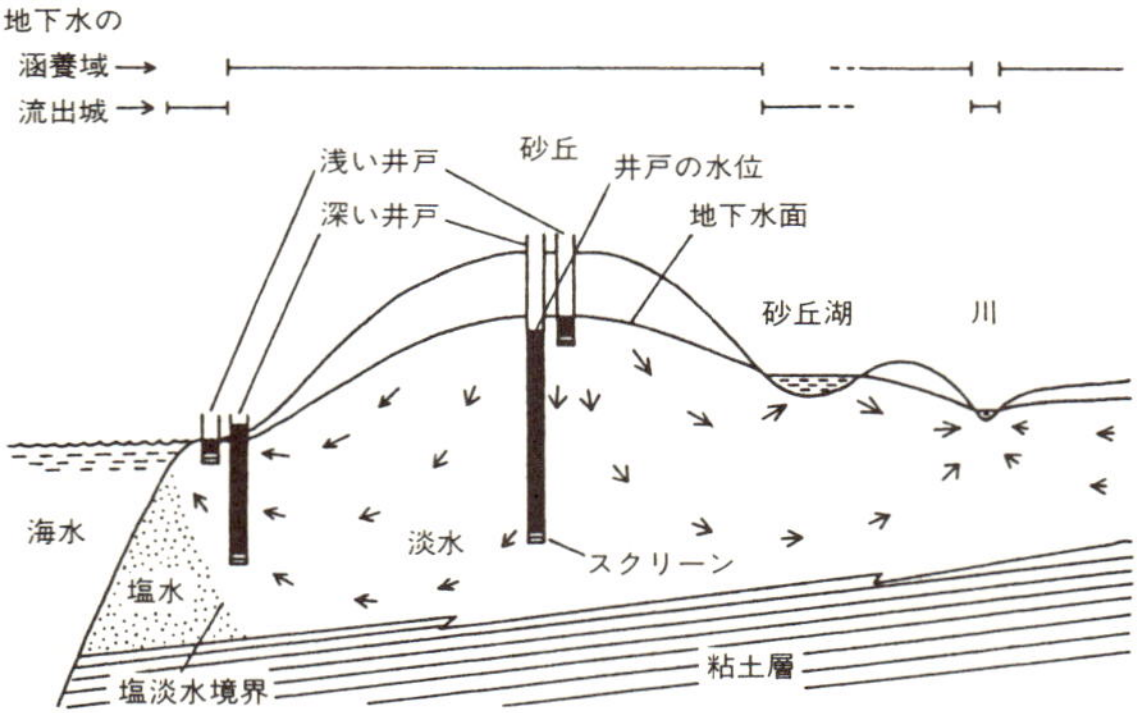


砂丘の地下水循環を示す模式図　井戸にはスクリーンから地下水が入る。涵養域では深い井戸ほど井戸の水位は低く，流出域では高くなる

ている。この地方の明治初期の五万分の一地形図を調べてみると、砂丘列の間の低地には、多数の砂丘湖があったことがわかる。砂丘からの湧水でできた湖である。砂丘の開発が進むと、井戸による揚水が増え、また低地に排水路が設けられるなどして、これらの砂丘湖は今ではほとんど消失してしまった。

砂丘の上で井戸を掘ると、ある深さで地下水面が現れる。この地下水面は全体としてみると、砂丘の地表面にならってかまぼこ状の形をしている。雨が降って地下水面が上昇すると、砂丘湖へ向かう動水勾配（地下水ポテンシャルの勾配）が大きくなり、よけい地下水が流れる。地下水が流出して、地下水面が低下すると、動水勾配が小さくなり、流出する地下水は少なくなる。このように砂丘は、降雨に反応して地下水面を上下させることにより、地下水流出を自己調節している。砂丘の地下水面は、降雨で供給される地下水をちょうどよく流せるような形に決まっている。

砂丘だけでなく、一般に「地下水面は地形面の高まったところで高く、低まったところで低い」。この表現はあいまいではあるが、湿潤地域では普遍的に成り立つ「法則」である。地下水面が決まると、地下の内部構造（すなわち地質条件）に応じた地下水ポテンシャルの分布が決まり、地下水は動水勾配が最大となる方向へ流れる。その結果地表面へ向かう上向きの流れが生じれば、地下水はそこで自噴することになる。

## ヤ・ヤト・ヤツ・ヤチ

山田秀三氏の『関東地名物語　谷《ヤ》・谷戸《ヤト》・谷津《ヤツ》・谷地《ヤチ》の研究』（一九九〇年、草風館）は、関東の洪積台地を、地図を片手に歩き回って、ヤ・ヤト・ヤツ・ヤチの分布を調べた面白い本である。茨城では洪積台地を刻んだ谷の奥をヤトと呼ぶ。『常陸国《ひたちのくに》風土記《ふどき》』の行方《なめかた》郡に夜刀《やと》の神の話があり、これが語源ではないだろうか。この夜刀の

洪積台地に見られるヤ・ヤト・ヤツ・ヤチ（写真提供・国土地理院）

神の背後には水稲農業以前の先住民である狩猟採集民の存在が考えられるという。

洪積台地は、洪積世《こうせきせい》（過去一万年前から約二六〇万年前までを更新世、または洪積世という。二〇〇九年にそれまでの一八〇万年前から二六〇万年前に改められた。古気候の研究によると、約二六〇万年前から北半球の氷河化が始まった）の扇状地、低地、浅海底が隆起してできた地形である。関東ではこの台地の最上部に、過去十数万年の間に降った火山灰が積もってできた関東ローム層が載っている。関東ローム層の厚さは、噴出源に近い相模原《さがみはら》台地では二〇メートルもあるが、筑波《つくば》台地では五メートルくらいしかない。

低地や浅海底が隆起した直後に、この「初期の台地」の表面には、その台地の自然条件に適合した「初期の水流」が存在していたはずである。この水流によって排水される水の中には、「初期の台地」の表面から浸透して泉となって湧き出した地下水も、地中へ浸透せずに地表面を流れてきた水もあったであろう。

いったん水流ができてしまうと、その上に降った火山灰は、降るあとから洗い流されてしまう。水流は、河床の堆積物が軟らかければ、河床を侵食して地層中へ切り込む。そして最初は小さな流れだったとしても、時間を経ると川へと成長する。川の切り込みが深くなるほど、その川が排水する地下水の集水範囲は広くなり、基底流量(雨の降っていない時の流量)も増加する。

オランダのド・フリースは、一九七六年に、北ヨーロッパで大陸氷河が退いた直後の地表面上に最初に発生した水流は、地表面の浸透能が大きく地表流は発生しなかったためすべて地下水でまかなわれており、水流による河床の下刻が進むにつれて地下水排水域の争奪が起こり水系網が進化した、というモデルを提唱した。洪積台地の水流発達を考える際に参考になるかもしれない。

一方、水の流れていない部分には、火山灰が降り積もり、台地の表面はだんだん高くなる。降り積もってできた関東ローム層は透水性が大きいから、台地が高まるにつれて、水は台地の表面をますます流れにくくなり、降水のうちで地下水になる比率が増える。このように、いま私たちが見る「開析《かいせき》された洪積台地」の形成には、土地の隆起、降下する火山灰、湿潤な気候の三つの条件が関係している。

ヤ・ヤト・ヤツ・ヤチは、このようにしてできた洪積台地の谷または谷頭《こくとう》を指す言葉である。空から見ると関東平野の洪積台地の谷は、樹枝状に発達しており、谷頭にはたいてい湧水がある。主谷の谷幅は、川の流量の割には広いのが特徴である。その形成には、谷底での水流の侵食作用のほかに、気候の温暖化で海面が上昇し、谷が入江になった時代の波の侵食作用や、大雨のときの崖崩れなども関係したはずである。

## やっかいな翻訳語

ところで、さきに述べたストレーナーは、井戸の集水管という実体に対して与えられた記号である。その原語が screen だとしても、日本人がみなストレーナーという記号でその実体をイメージできるならば、英語へ再翻訳するとき以外には大した問題は生じない。

しかし、地質時代を指す洪積世《こうせきせい》（Diluvium）という言葉は実体ではなく、概念に対して与えられた記号である。しかもわが国では、それを形容詞化した洪積台地という言葉が、沖積《ちゅうせき》平野とともに高校の地理の教科書でも普通に用いられており、その場合の洪積台地は、実体のある「台地」を意味する。『地形学辞典』（一九八一年、二宮書店、私も編集委員の一人であるから、責任の一端はあるが、この辞典には各項目に執筆者名が記入してある）はその訳語としてdiluvial uplandを当て、「日本全土の面積のほぼ二四パーセントを占める平野の約四五パーセントは、洪積台地からなっている」と説明している。わが国では、洪積台地は地下水研究が最も早くから行われたところであり、また後述する武蔵《むさしの》野台地をはじめとして、地下水利用の最も活発な地形地域でもある。

「洪積台地」は『大辞林』にも載っている。この、わが国ではごく普通に用いられているが、国際的にみるとやっかいな翻訳語について、私の経験を述べ、それを通じて、地球科学が研究対象とする「実体」の一般化の難しさについて少し触れてみたい。

一九九二年当時、韓国大邱《テグ》市の啓明大学校工科大学土木工学科の副教授をつとめていた裵相根《ベサングン》君は、一九八六年に霞ケ浦《かすみがうら》周辺の出島台地の地下水流動に関する博士論文を完成させた。その論文の一部として、彼は世界最初の、最も現実に近い地下水広域流動三次元非定常モデルを開発し、出島台地を事例にした面白い結果を得た。せっかくの成果だからイギリスの専門誌に発表しようと話がまとまり、彼と私の連名で「diluvial upland の地下水云々」という表題をつけて投稿した。内外を問わず、専門誌にはレフェリー制度があり、然るべき専門家が掲載の可否を判定する。編集長から、内容に問題はないが、レフェリーの一人から、diluvial upland をほかの言葉に変えるようにとの注文がついたと、そのレフェリーのコメントのコピー同封で連絡があった。そのコピーには、diluvial は「洪水につかる」という意味であるが、upland なのに洪水につかるのはおかしい、と書かれていた。

ヨーロッパ人が Diluvium を避け、Pleistocene を使っていることは私も知っていた。日本でも洪積世の代わりに、Pleistocene の訳語である更新世を用いるのが一般的で、日本人のレフェリーにそう直されたこともある。しかし、洪積台地を Pleistocene upland とは、少なくともわが国では言わないので、diluvial upland を用いたのであった。ついでながら「洪積層」も地下水の分野では現在もよく使われている。平野のすぐれた帯水層に洪積層が多いからであろう。本来なら洪積層ではなく、更新世に生成された地層を意味する「更新統」（地質時間の区分単位である「世」の間に形成された地層・岩石を「統」という）を用いるべきであろうが、一般化はしていない。

投稿した論文では洪積台地を「更新世に形成された台地」と書き直して、無事に掲載されたが、この事件で私はあることを思い出した。

今も大英博物館で販売されている（と思われる）五〇ページ足らずの小冊子に、ギルガメッシュ洪水伝説などについてまとめた『大洪水についてのバビロニアの伝説』（初版一九六一年、改訂三版一九七一年）がある。この本のなかに、粘土層の地層断面を示す一葉の写真があり、「レオナルド・ウーリー卿は、彼がウルで発見した洪水堆積物をノアの洪水の証拠と主張した。しかし、類似の堆積物はその他の地点でも発見されており、その年代も一致しない。これは局地的な、激しい洪水が残したものと考えたほうが、極めて仮説的なノアの洪水の具体的な証拠であるとするよりは安全であろう」と解説されている。

自然神学は、キリスト教社会の科学者の考えを長いこと束縛してきた。ノアの洪水もその一つである。そもそもdiluvialとは、「ノアの洪水の」という意味であった。科学的事実が明らかになるにつれて、自然神学からの脱却が試みられたのは当然であった。DiluviumをPleistoceneに変えたとき、diluvialは学術用語ではなくなり、「（ノアの）洪水の、洪水につかる」との意味しか持たなくなった。しかも、イギリスには日本の洪積台地に相当する地形そのものがない。火山灰も降らなかった。
洪積台地は tsunami や sumo などと同じく、英語では kousekidaichi と書くべきではなかろうかと、私は考えている。

## 古代の瑞穂の国

李白が廬山からの帰路九江に立ち寄り、浪井を見て詩を詠んでいたころ、わが国はまだ奈良時代で、国づくりの真最中であった。都から遠く離れた関東では、朝鮮半島からの入植者が開拓にいそしんでいた。高麗《こま》郡《ぐん》の新設が七一六年、新羅《しらぎ》郡《ぐん》の新設は七五八年と『続日本紀《しょくにほんぎ》』にある。第五章で詳しく述べる、国分寺《こくぶんじ》崖線《がいせん》最大の湧水地に立地する武蔵の古刹深大寺《じんだいじ》は、満功《まんくう》上人によって七三三〜七六四年のあいだに開創されたと伝えられている（『深大寺』、一九八三年、深大寺）。同書にはまた、半島系には「満」の字を名に含む人物が多かったから、満功上人の父福満もまた半島系の人であることを表したものというべく云々、とある。武蔵野の初期の開拓民はまず地下水の湧く水辺に定住した。

そのころわが国では、ヤトはもとより、火山山麓、丘陵地の谷頭、扇状地の扇端、段丘崖、砂丘のへり、沖積低地など、いたるところから清らかな地下水が湧き出していた。湿地には葦が生い茂り、鳥が鳴き、沼や潟には魚が群れていた。この豊葦原《とよあしはら》の瑞穂《みずほ》の国が、現在のすがたに変わるまでのあいだに、人の手で目に見えない地下水の流れも大きく変化したのである。

# 第三章　地下水の水質は進化する

## ホートン地表流

水文学のような地味な学問でも、ときたま新発見がある。「洪水時の川水の大部分は地下水である」という発見もその一つである。ただしこれは、特定の個人による発見ではない。地下水に限らず地球科学では、多くの研究成果の集積によって、徐々に透明度が増してきたという類の「発見」が多い。

ロバート・ホートン（一八七五〜一九四五）は、水に関する多彩で独創的な研究をしたことで知られる、アメリカ水文学の父とも言われている人である。アメリカ地球物理学連合のホートン賞は、彼の業績を称えて設けられた。

その彼が「考えた」概念の一つに地表流がある。これは後にホートン地表流と呼ばれるようになった。雨が降ってから洪水が発生するまでのメカニズムについて「考えて」みよう。土には雨を吸収する能力がある。この能力を浸透能という。浸透能は雨の降り始めのときに大きく、降雨時間の経過とともに小さくなる。降雨の強さ（単位時間に降る雨の量）が浸透能（単位時間に雨を吸収する能力）よりも小さければ、雨はすべて土に吸収されるので、ホートン地表流は発生しない。前の章で述べた大陸氷河が後退したあとの地表面はその一例である。逆にいえば、浸透能よりも強い雨が降ったときだけホートン地表流が発生する。洪水はそのような地表流が川へ集まったものと考えられていた。ホートンは、この地表流が地表面を削る作用に着目し、水が地表面を削ってできた水系網（河川網）の示す規則性について、有名な「ホートンの法則」を発見した。これは流域内の水系網が持つトポロジカルな性質についての、たいへん面白い法則で、書きたいこともいくつかあるが、地下水とは直接関係はないので、別の機会を待つことにしたい。

このホートンの「考え」に間違いはなかったので、洪水はそのようなメカニズムで発生するものと信じられてきた。ところが実際に「観測」してみると、湿潤温暖地域の森林流域では、豪雨時でもホートン地表流は発生しない。一般に、森林斜面の浸透能は豪雨時の降雨強度よりも大きいのである。

このことは、同位体による水循環の追跡によっても確かめられ、動かない事実となった。天然の水がその前歴に応じた「重さ」という情報を持っていることは、すでに述べた。いま、山地流域の降水、地下水、川水の同位体比（重さ）をそれぞれａ、 b、c、とする。一回の降雨について見ると、aとbは時間的にほとんど変化しないので、降雨のあいだ一定の時間間隔で川水を採取し、その同位体比を測定すれば、aとbとcから簡単な計算で、川水中に占める地下水の混合比率が求められる。世界中のいろいろな森林流域で調査された結果によると、川水の大部分は、洪水のピーク時においても、地下水から供給された水で占められていた。

もちろん山地森林流域内には、水面や湿地や道路など、雨水を地中へ浸透させない部分もある。しかし、そのような非浸透性の地表面の面積比率は、合計しても普通は流域面積の一〇パーセントに満たない。計算結果から、地下水以外から供給された水は、非浸透性の地表面上に降った雨であることもわかった。

河川水の大部分は、一度は土や岩石の中を通過してくる。このことは河川水の水質形成を考えるとき、極めて重要な前提条件になる。

### 軟水と硬水

水質について一般の人々が関心を持つ項目は、日常生活と密接な関係のある、硬度、濁り、臭い、塩分、病原菌などであろう。五感で感じ取れない微量な成分については、専門家の意見に従うほうが賢明である。

硬度は、化学的には比較的あいまいな概念だが、石鹸を使うときには重要である。滋賀県では琵琶湖《びわこ》の富栄養化を防ぐために、一九八〇年七月に合成洗剤の代わりに粉石鹸を使うことを決めている。環境水域へのリンの人為的放出を抑える運動が進めば、これから粉石鹸の使用量が増え、硬水への関心もさらに高くなるかもしれない。

硬度は、水の硬さを表すのに用いられる。硬水ができるのは主としてカルシウムとマグネシウムが原因で、カルシウムとマグネシウムの含有量の高い水ほど硬度が高い。

洗濯のとき硬水は泡立ちが悪く、石鹸が硬度成分とくっついてカスができる。このカスが皮膚を刺激し、皮膚の細胞をおおい、その新陳代謝をさまたげるので、皮膚が荒れる。日本の水は軟水が多く、日本人の肌がきれいなのは軟水のおかげ、との意見もある。日本の河川水の硬度は世界の平均の半分以下である。ドイツで、硬度とそれに適した石鹸との関係を、わかりやすく図解した市民向けのパンフレットを見たことがあるが、軟水の多い日本では硬度についての関心はドイツほど高くはない。

硬度にはフランス硬度、イギリス硬度、アメリカ方式など、いろいろな表現法があり、ドイツ硬度は、水一〇〇ミリリットル中に含まれる酸化カルシウムの重さをミリグラムで表した数字を用いる。つまり一〇〇ミリリットル中に酸化カルシウムが一五

ドイツ・ボーデン湖の広域水道取水施設

ミリグラム含まれていると、硬度は一五度である。フランス硬度は一〇〇ミリリットル中の炭酸マグネシウムのミリグラム数をもって硬度数とする。アメリカ方式では、水に溶けている炭酸カルシウムの量をｐｐｍで表す。いろいろな硬度は、世界中の人々が硬水に悩まされてきた証拠でもある。わが国は古くはドイツ硬度、その後アメリカ方式を用いていたが、現在は、カルシウムイオンやマグネシウムイオンの量を炭酸カルシウムの量に換算して、これをｐｐｍで表す。硬度についてもう少し調べたい方には、藤田四三雄《しさお》著『水と生活』（一九八二年、槇書店）をお薦めしたい。

南ドイツの広域水道は、スイスとの国

境にあるボーデン湖を水源にしている。ライン川の源流部に位置するこの湖の水は、アルプス山脈から流れてくる。一九八四年の夏にフライブルクからベルンまで、ライン川沿いの巡検に参加した。深さ六〇メートルのボーデン湖の中・底層にも、池田湖と同じように、四～五度の冷水がたまっていた。真夏に、湖底からの取水施設を寒さにふるえながら見学したとき、ドイツ人の所長に、原水の電気伝導度はいくつか、と聞いてみた。電気伝導度は水に溶けているイオンの量に比例し、この値が高いほど溶存物質の量が多い。電気伝導度は簡単に測ることができ、水温やpH《ペーハー》とともに、地下水調査では欠かせない現場測定項目になっている。

所長の答えは、約三〇〇マイクロシーメンス／センチメートル。日本では、河川源流部の川水や扇状地の地下水は、同じ単位で一〇〇以下である。三〇〇もあると、し尿などによる人為的汚染を疑わなくてはならない。ついでに「ドイツ人はなぜ水道水を飲まないのか」と意地悪な質問をしてみたら、所長は「私たちが供給している水は絶対に安全な、飲める水だ」と、顔を赤くして抗弁した。しかし原水がこれでは、おいしいはずがない。

この巡検では、アルプス山腹のセントビータス・ケーブ（聖ベアトゥス鍾乳洞）も見学した。アルプス山中にも海で形成された石灰岩がある。ボーデン湖に流入する水はこの石灰岩を溶かしてくる。石灰岩の多いパリ盆地の水も硬水であり、パリの水道は、セーヌ川の水が硬水であるためにまずいことで有名である。また、そのパリに住んだナポレオンは、水の悪いアムステルダムにだけは住みたくない、と言ったそうである。アムステルダムは西欧の下水ともいわれるライン川の最末流に位置し、古くから水の質に悩まされてきた。古くから飲料水を売る商売も盛んだった。オランダ政府が出している自国紹介の英文のパンフレットに、『オランダ、湿潤なのに水不足の国(*The Netherlands, a wet country short of water*)』がある。

ヨーロッパの年平均降水量は約八〇〇ミリメートルで、わが国の一八〇〇ミリメートルに比べるとはるかに少ない。その八〇〇ミリメートルのうち、五〇〇ミリメートル近くは蒸発する。残りの三〇〇ミリメートルの大部分は地下水になり、ゆっくり地中を流れて、いろいろな成分を溶かし出して、軟水は硬水に変わる。ヨーロッパで早くから水が商品化されたのは、それなりの理由があってのことである。

## 所変われば水変わる

私たちが調査した天然水のうちで、最小の電気伝導度は、一九九二年七月にスリランカの中央高地、ウエットゾーンにあるハットンの近くの標高一二九六メートルで測

スリランカ・ウエットゾーンの山頂付近の泉

定した一六・六マイクロシーメンス／センチメートルで、水温は二二・六度、pHは六・八〇であった。この水は、山頂近くの岩盤から滲み出してくる地下水で、標高が高いので風送塩も、また岩盤中の滞留時間が短いので、岩石からの溶存物質もほとんど含んでいなかった。

これに対して同じスリランカの水でも、ドライゾーンの地下水の電気伝導度は一〇〇〇〜三〇〇〇マイクロシーメンス／センチメートルもあり、最高値は四〇〇〇を超える。スリランカのドライゾーンは、ドライゾーンと呼ばれてはいるが、いわゆる乾燥地域ではなく、年降水量は一〇〇〇〜一五〇〇ミリメートルもあり、自然植生はジャングルであるが、熱帯であるため年蒸発量が一〇〇〇～一三〇〇ミリメートルと多く、降水のうちで地下水にまわる分はヨーロッパにおけるよりも少ない。蒸発量が多いと、蒸発して逃げる水は蒸留水であるから、残された水は濃縮されることになる。そして少ない量の水が、地中をゆっくりと循環する。電気伝導度が一〇〇〇以上もあると、舌でも塩分を感知できる。

多くの発展途上国では、いまでも女性の最も重要な仕事が水汲みである。泉や井戸の水を素焼きの水瓶に満たし、それを腰に抱えるか、頭の上にのせて、一日に何回も家まで運ぶ。つらい仕事である。おいしい地下水を十分に飲むことのできる国は、世界でも少ない。

なお、シーメンスは新しい国際単位系（ＳＩ）による導電率の単位で、ｃｇｓ単位系のモー（mho）と同じで、どちらの単位を用いても伝導度の数字は同じになる。モー（mho）は抵抗を表すオーム（ohm）の逆数で、マイクロモーはギリシャ文字のオメガを上下逆さにした変な記号（$\mu℧$）を用いていた。国際単位ではシーメンスはＳで表し、マイクロシーメンスは$\mu$Ｓと書くので、変な記号は必要なくなった。

## 軟水にも種類がある

先に述べた定義にしたがうと、陽イオンであるカルシウムとマグネシウムの含有量の少ない水が軟水である。水中に溶けている陽イオンと陰イオンの量は等しいので、陽イオンの量が少なければ、陰イオンの量も少なく、溶存物質の総量も少ない。日本で私たちが日常使っている水道水は、このような普通の軟水である。しかし、溶存物質の多い軟水もある。

名古屋大学理学部の杉崎隆一・柴田賢両氏は、まだ大垣《おおがき》自噴帯が存在していたころ、その第一帯水層の地下水の水質を調査し、河川から離れるにつれてカルシウムとマグネシウムの量が減少し、ナトリウムとカリウムの量が増加することを、一九六三年に明らかにした。この原因を両氏は、涵養源と考えられる河川水の二価の陽イオンが、帯水層中を地下水となって流動する過程で、一価の陽イオンと置換された結果と考えた。もしそうだとすると、置換前にイオン総量が多かった水は、カルシウムとマグネシウムを一価の陽イオンと置換しても、その水のイオン総量に変化は生じないことになる。この文献を引用して鶴巻道二さん（元大阪市立大学教授）は、私たちが編集した『地下水ハンドブック』（地下水ハンドブック編集委員会編、一九七九年、建設産業調査会）の中で「陽イオンの含有量が多くても一価陽イオンが主体をなす水

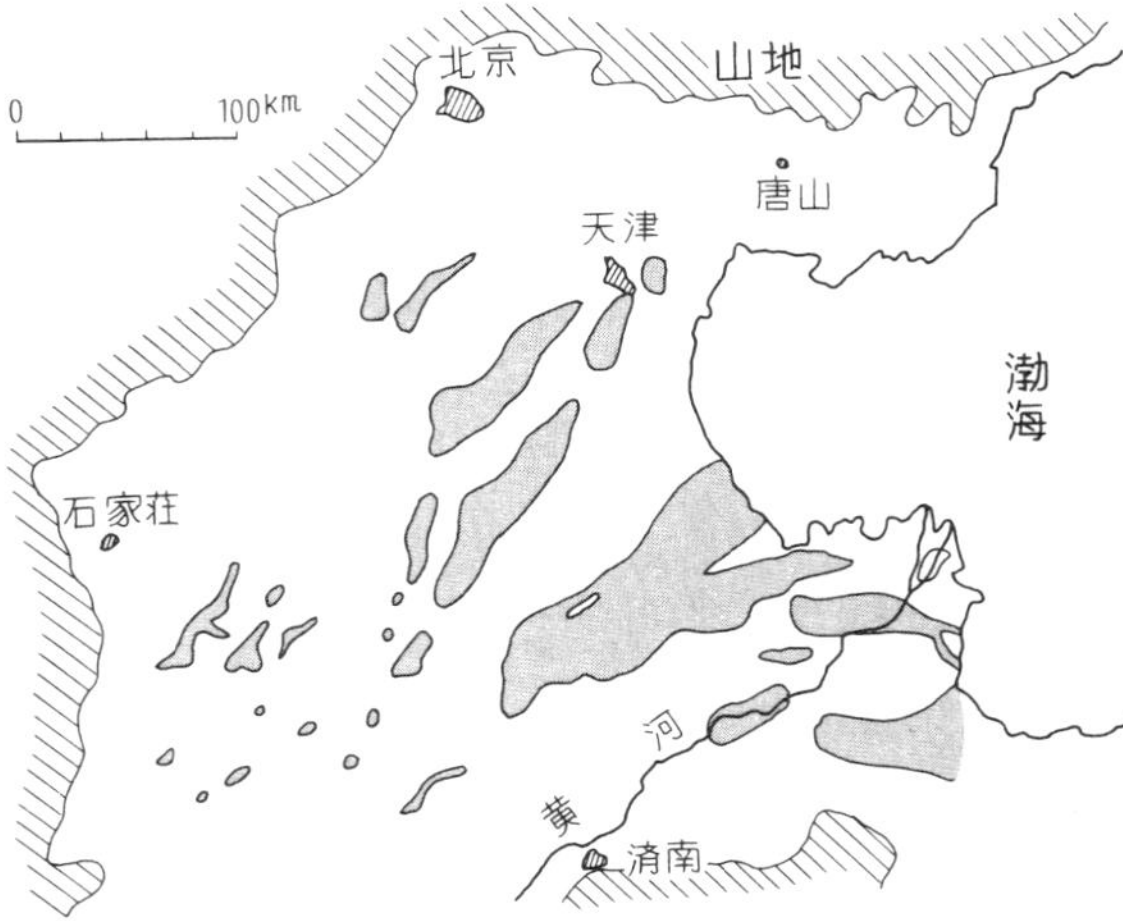


中国北部・華北平原における新生代の地層中の地温増温率が4℃／100m以上の地域

は、軟水と呼ぶことができる」と書いている。私もその考えに賛成である。

「溶存物質の多い軟水」について、私も次のような体験をしている。これは、石鹼の落ちが悪くて困った話である。前述の四二日間世界一周旅行の目的地の一つは、バトンルージュにあるルイジアナ州立大学だった。この大学のゲストハウスの風呂のお湯では、体に塗った石鹼を洗い落とそうとしても、ぬるぬるしてなかなか落ちなかった。その翌日、ジェス・ウォーカー教授の自宅に泊めてもらったとき、「ゲストハウスのお湯は油みたい（oily）だった。深い地下水を汲み上げているのではないか？」と聞いてみたが、地形学者のウォーカーさんはまったく興味なしという顔で答えなかった。

一九八七年七月に、地盤沈下の視察で天津《てんしん》へ行ったときにも、同じ経験をした。私たちが泊まった天津賓館のお湯もぬるぬるしていた。天津には、かつてフランス人が掘った温泉がある。聞きそびれたが、このホテルのお湯も温泉である可能性が強い。天津の地下地質は、深さ約五〇〇メートルまでが泥質の第四紀層、約一〇〇〇メートルまでが砂泥質の第三紀層、一〇〇〇メートル以深は白亜紀の石灰岩よりなる基盤岩となっている。一九七六年七月二八日に発生した、死者二四万、建物倒壊率九四パーセント、マグニチュード七・八の唐山《とうざん》地震からも推察できるように、華北平原の地下には、大規模な亀裂系が何本も走っている。この地域は前ページの図からも想像のつくように、熱水資源の豊富なことでも知られている。

バトンルージュはミシシッピー川の、また天津はかつての黄河の河口付近にあり、いずれも大河が運んできた堆積物の上に開けた都市である。この堆積物は粘土分を多く含んでいる。粘土鉱物は、カルシウムやマグネシウムなどの陽イオンを吸着する性質を持ち、またこれらの二価の陽イオンを、すでに保持している一価のナトリウムイオンと置換する性質も持っている。天津とバトンルージュの地下水は、大垣自噴帯の地下水と水文地質条件が似ており、しかもその年齢ははるかに古いはずである。ナトリウムの含有量を調べてはいないので、推測になるが、これら二つの都市の深い地下水は、「溶存物質を多く含む超軟水」である可能性が強い。

## 水が岩石を溶かすわけ

このように、地下水がいろいろな成分を含んでいるのは、地下水が岩石を溶かす能力を持っているからである。水は岩石を化学的に風化させる。

まず、新しい地下水中には、金属鉄を酸化するのに十分な溶存酸素が含まれている。溶存酸素は鉱物中に豊富に存在する酸化第一鉄を、より酸化の進んだ酸化第二鉄に変え、岩石を風化させる。また金気《かなけ》のある地下水が、空気に触れてオレンジ色の沈澱物をつくるのは、水が鉄を溶かしていた証拠である。鉄には二価の鉄（第一鉄）と三価の鉄（第二鉄）があり、無酸素の還元環境では鉄イオンは二価の鉄イオンとなって水に溶けているが、空気と接した酸化環境では酸素分子が二価の鉄イオンを三価の鉄イオンに変え、より安定な不溶解性の水酸化第二鉄になる。

また、雨水には炭酸ガスが少し溶けており、わずかな酸性を示す。つまり雨水は弱い炭酸である。この水の酸性度は、土壌中を降下浸透するとき、腐敗物質から出る炭酸ガスを取り込んで、さらに増加する。炭酸カルシウムを含む石灰岩に炭酸が作用すると、石灰岩は容易に溶ける。ボーデン湖の水のように、石灰岩を溶かした水は「硬い」。岩盤中の地下水の流速は、断層や割れ目の部分で特に大きい。ケンタッキー州のマンモスケーブや、秋吉台《あきよしだい》の秋芳洞《あきよしどう》など大規模な鍾乳洞は、たいていは大きな割れ目に沿って流れる地下水が石灰岩を溶かした結果である。つまりこういった地域の水は硬水になるのが普通だが、秋吉台のホテルに泊まったとき、それほど硬く感じなかった。それとなくただしてみると、私が水の研究者であることを知って、ホテルの女主人は硬水軟化装置を使っていると告げた。

水は単に溶解した物質の運搬者であるだけではなく、水自体が水中で水素イオンと水酸イオンに分かれ、鉱物の分解反応に加わる。また、水に溶けた炭酸ガスは炭酸になり、炭酸はさらに水素イオンと重炭酸イオンに分かれる。このように水がイオン化して反応物質となる化学反応を、加水分解という。地球上で、水に次いで豊富に存在する物質といわれる長石の加水分解は、たぶん最も普通に見られる化学的風化反応である。

主として長石と石英からなる花崗岩《かこうがん》の風化したものが、中国地方でマサと呼ばれる崩れやすい土である。むかしはマサ土から「かんな流し」で砂鉄をとり、それを木炭で精錬して玉鋼《たまはがね》をつくり、この特殊鋼を日本刀に鍛え上げた。マサ土の風化がさらに進み、長石が溶けてしまうと石英の粒が残る。石英は水にはほとんど溶けないので、海まで運ばれて海岸の白砂となる。これに対して熱帯の海岸の砂は、ラテライト化した鉄分を含んでいるので錆色を呈し、いわゆるゴールデン・ビーチをつくる。

はげ山に最初に生えるのは松だそうである。薪炭用の森林乱伐と土壌侵食による環境破壊の証でもある白砂青松《はくさせいしょう》にも、人は美を感じるのである。

## 地下水も進化する

オーストラリアの大鑽井盆地の例でわかるように、地下水は地質学的な長い時間をかけて流動する。そして、この過程で地下水の水質も進化する。

一九五五年にオーストラリアのチェボタレフは、一万サンプル以上の井戸水を分析して、地下水の水質には流動に伴う化学進化が認められ、最終的には海水の組成に近づくことを明らかにした。大陸規模の大きな堆積盆地で認められるこの水質進化系列を、チェボタレフ系列という。後に、ソビエト連邦の二人の科学者もチェボタレフとは独立に、これと同じ発見をしていたことが判ったので、この系列を彼らの名前をとってイグナトビッチ・ソウリン系列ともいう。

この進化系列では、主要な陰イオンは次の順序で進化する。

重炭酸イオン　↓　硫酸イオン　↓　塩素イオン

また流動するにつれて、溶存成分の量も多くなる。年齢一〇〇万年の大鑽井盆地の地下水が塩分を含むのは、このような長い水質進化の結果である。もちろん水質進化の方向は、地下水が流動する過程でどのような岩石と接触し、その岩石がどの程度水に溶けやすいかによって決まるので、岩石の種類が違えば、進化系列も違ってくる。

わが国やバリ島における調査で、溶岩や火砕流中を流れる地下水は、流動するにつれて重炭酸イオンの量を増すことがわかっている。これらの地下水の年齢は、せいぜい数年から数十年程度であるから、まだ進化系列の初期の段階にあると考えられる。しかし「その水が、同じ溶岩中を仮に一〇〇万年流れたとしたら、この地下水の水質も海水の組成に近づくのか？」と質問されても、いまのところ私には答えられない。

地下水の水質に限らず、不均質な場で起こる、進化する現象については、予測はきわめて難しい。火山もまた進化を続けている。一九九一年の長崎・雲仙普賢岳《うんぜんふげんだけ》の火砕流発生でわかるように、たいていは現象が先行し、説明はあとから付けられる。しかも、かなりの想像をまじえて。地球科学の時代は、まだ始まったばかりである。

## フィールドノート

私たちのように、一年中フィールドへ出ている人間には、フィールドで入手した情報の整理が、最も重要な仕事になる。情報の中には、数値情報のほかに、見たこと、聞いたこと、食べたこと、嗅いだこと、話したことなども含まれる。自分の話したことが入手情報に含まれるのは、相手あっての会話だからである。情報は、量とともに質が重要である。最も信頼できる情報は、自分が確認した情報であろう。「百聞は一見にしかず」とは、情報の質を重んじた名言である。

私は数年おきに義務として、「アジア地誌」という教員免許用の授業を一単位分担当しているが、地誌は嫌いではない。私の授業はオムニバス方式で、一〇回の授業で毎回アジアに関する本を一冊紹介し、それを素材に授業を進める。そして、紹介した本のうち一冊を選んでレポートを書かせる。紹介する本の中には、地理の専門書のほかに、石毛直道編『論集東アジアの食事文化』（一九八五年、平凡社）、渡部忠世著『アジア稲作文化への旅』（一九八七年、日本放送出版協会）、A・C・ブラックマン著『ダーウィンに消された男』（一九八四年、朝日新聞社）なども含まれており、内容、厚さ、ともにまちまちである。

ある女子学生は、渡部忠世放送大学教授の著書を選び、「私はこの著者が嫌いです。自分のことを自慢ばかりしているからです」とレポートに書いてきた。渡部先生の著書はいずれも、京都大学時代の長年のフィールドワークで得られた一次資料に基づいており、情報源としての質は高い。それを自慢話と受け取るとは、いやはや。本書をここまで書き進んで、この女子学生のことをふと思いだした。でも、彼女も成長して、大人になっていることだろう。

旅の写真情報は、時間の経過のままに並べておいたほうが良いようである。私は、スクラップブックに撮影順に貼っておく。スライドにも通し番号を付けておく。必要なときに取り出し、使い終わったら元の場所へ戻す。どうやら記憶は、脳の中には時間の経過の順にインプットされているらしく、こうしておくと記憶を蘇らせるときに混乱が起きない。集めた資料も、領収書や汽車の切符の類まで、貼れるものは貼り、そうでないものは紙袋か百科事典の空き箱に入れ、旅ごとにまとめて整理しておく。

それらの中にあるミネラルウォーターに関する情報を次に紹介する。

### ミネラルウォーター

私は、紅茶と酒にはこだわるが、ミネラルウォーターのマニアではない。しかし、水道水が飲めない国では、売っている水を買うしかない。そんなとき、可能ならば瓶

| | | スペインの水 | バリ島の水 | 九華山 | 崂山鉱泉水 | スリランカの水 | 日本の市販水 | 阿蘇の湧水 |
|---|---|---|---|---|---|---|---|---|
| 陽イオン | Ca | 22.4 | 29.1 | 42.2 | 110 | 6.4 | 16.0 | 5.2〜33.0 |
| | Mg | 1.5 | 10.6 | 7.3 | 70 | 4.8 | 2.4 | 1.5〜7.2 |
| | K | 0.2 | 6.0 | 0.6 | | 0.4 | 9.1 | 0.1〜6.9 |
| | Na | 0.7 | 18.9 | 3.1 | 1500 | 4.2 | 1.2 | 2.5〜14.0 |
| 陰イオン | $HCO_3$ | 67.1 | 134.5 | 155.1 | 4000 | 4.9 | | 11.5〜60.3 |
| | $SO_4$ | 8.0 | | | | 1.8 | | 1.9〜60.0 |
| | Cl | 0.7 | 16.5 | 1.8 | | 8.1 | | 1.0〜12.9 |
| | $NO_3$ | 0.9 | | | | 1.8 | | 0.0〜13.4 |
| pH | | 7.2 | 7.1 | 7.0 | | 7〜7.5 | 7.0〜8.2 | 5.1〜7.4 |
| 硬度 | | やや軟らかい | やや硬い | やや硬い | 極めて硬い | 軟らかい | 軟らかい | 軟らかい |

ミネラルウォーターの水質（単位はmg/ℓ）

からラベルを剝し、あとでスクラップブックに貼っておく。でも探してみたが、きちんと成分の印刷してあるラベルは、一〇枚たらずしかなかった。

一九九一年の秋に、『週刊文春』が「ミネラルウォーター神話を剝ぐ」という記事を四回で連載した。その中に、市販されている八種類の日本の水についての、東京都立大学で行った水質分析結果が載っていたので、その主要成分の平均値を、私が剝したラベルの成分表と比べてみたのが上の表である。表の空欄は未記載を意味し、硬度は私が判定した。なお、東京都立大学のデータでは、陰イオンが未記載だったので、参考までに宇都宮文星短大講師の島野安雄君が公表している阿蘇周辺の三〇の湧水の水質も記入しておいた（例外的な一例は除いた）。

スペインの水の商品名は「アクア・ド・アンドラ」で、アリンサル泉の水である。やや軟らかい水で、この点がヨーロッパでの商品価値であろうか。この水を飲んだ一九八〇年のメモによると、水は三七〇ミリリットルで一二ペセタ、安いワインは七二〇ミリリットルで五〇ペセタだった。安いといっても、ワインは水の約二倍の値段である。

バリ島の水の商品名は、そのものずばりラテン語で水を意味する「アクア」。ウブドに近いマンバルの湧水をオゾン殺菌した、とラベルに印刷してある。ウブドはタンパクシリンの西南に位置し、この湧水もティルタ・ウムプル同様カルデラからの漏水を少し含んでおり、やや硬い。インドネシアの国営ガルーダ航空では、機内食にこの水を添えて出す。

「九華山」は中国安徽省春陽県六泉口の水で、「低鈉天然鉱泉水」すなわち低ナトリウム天然ミネラルウォーターである。バリの水よりもさらに硬く、主要成分として特別に「偏珪酸（$H_2SiO_3$）」二九・三ミリグラム／リットルを記載している。ほかに微量の亜鉛、鉄、リチウム、臭素を含む。

「嶗山鉱泉水」は山東省青島市郊外の嶗山から湧き出すアルカリミネラル水である。国営青島汽水廠製造の炭酸水で、炭酸ガスを四〇〇〇ミリグラム／リットル含む。非常に硬い水で、少ししょっぱく、私にはおいしくない。ヨーロッパでも、この種の水は多く売られているが、日本人はあまり好きではないと思う。

スリランカは九州と四国を合わせたほどの広さの、先カンブリア時代の基盤岩が露出している島である。南西モンスーンの風上斜面にあたるウエットゾーンは、全島の約四分の一しかないが、そこでの水質はいい。市販されている「シルバースプリングス」「ウィンドミル」「プライド」などのミネラルウォーターは、いずれもウエットゾーンの地下水が水源である。表には、ラベルに印刷してあった成分項目の最も多い「プライド」を挙げておいたが、ほかの二つの水も同じような水質で、溶存成分の量は日本の水と同じ程度か、それ以下しかない。この数字を、風化の激しい湿潤熱帯で、長い間風雨にさらされ続けてきた古い岩石からは、すでに可溶成分はほとんど溶け出してしまったためと解釈するか、それとも降水量が多いため、溶けるそばから洗い流されてしまったからと考えるかは、今後の検討を要する問題である。

湿潤熱帯を別にすれば、世界一般の水と比べて、日本の水は特徴のない、進化の初期段階にある、若い軟水であることがわかる。でも、このような水が世界的にみて珍しいとすれば、特徴のない点が日本の水の特徴であるということになる。どこか、最近の日本の若者に似ているような気がしないでもない。

昨今、水ブームである。どんな水がおいしいか。どうすればおいしくなるか。なぜ分子集団の小さい水がおいしいか。アルカリ水はなぜ体にいいか。π《パイ》ウォーターとは何か。どんな水が丈夫な体をつくるか。どんな水が歯に良いか、あるいは悪いか。情報は巷にあふれている。しかし、たぶんだれも本当のことは知らない。状況は、ヨーロッパの水脈占い師の全盛時代に似ている。私も、水についてときどき相談を受ける。そのときはこう答えている。

「日本人の平均寿命は世界一レベルですね。赤道を越えても腐らない水は日本の水だけだと、船乗りは言ったそうです。地下水を大事にしましょうよ」

## デンバーの人工地震

一九七〇年の夏は、ユタ州のローガンにあるユタ州立大学でユネスコの国際水文学セミナーに出席していた。帰路、念願だったグレートソルト湖で泳ぎ、体が絶対に沈まないことを確かめてから、コロラド州デンバーのアメリカ地質調査所を訪ねた。ジョンソン・スクールの地下水研究・教育施設を見たかったからである。ここでアイヴァン・ジョンソンさんが主宰していた地下水技術者養成コースは、ジョンソン・スクールと呼ばれて世界的に有名だった。ジョンソンさんはすでに現役を退いたが、いま

プレーリーはここから始まる

岩山を利用した音楽堂

も国際水文科学協会名誉会長の職にあり、国際会議ではときどきお会いする。

デンバーではジョンソン家の居候になった。デンバーはロッキー山脈の麓にあり、ここから東方へ平坦なプレーリー（大草原）が広がる。週末のドライブに連れて行ってもらった郊外の野外音楽堂は、層理面の急傾斜した切り立つ地層の岩山を、音楽堂の一部として取り込んで造られていた。

このデンバーで、一九六二年四月以後、地震が頻発し、マグニチュードの最大は四・三を記録した。それ以前に地震の記録はなかった。調査した結果、兵器廠の廃液の地下注入が原因と判明した。注入の対象になった先カンブリア時代の片麻岩には、垂直に近い割れ目が多数あった。この割れ目の中の水の水圧が注入によって上昇したため、摩擦力が減少し、地層間の微妙な力のバランスが崩れて、滑りが生じたのが地震の原因だった。日本でも、ダム湖の水位の急激な変化で、小規模な地震が発生した例がある。

アメリカでは、工場廃液の地下注入は珍しくはない。別の機会にルイジアナ州立地質調査所を訪れたとき、いったい何ヵ所で廃液の地下注入が行われているのか、と聞いてみたら、「業者が勝手にやっているのだから、よくわからない。一〇〇ヵ所以上としか言えない」という答えが返ってきた。

無責任な答えのように聞こえるかもしれないが、実はこの地方の深い帯水層の地下水は塩水で、水資源としての価値はまったくなく、したがって関心も薄い。この塩水帯水層は古い地質時代の海の名残である。日本のように、汚いものを海へ流すことのできた国と違って、大陸諸国では、ゴミや廃棄物の捨て場は地下だった。ゴミは大きな穴を掘って埋め、可能ならば廃液は地中処理した。ただし、これは一九八〇年以前の話であり、現在の詳しい状況については、私は知らない。しかし、現在でも、ゴミ穴から滲み出す汚水による地下水汚染が、各国で深刻な問題となっていることは、国際会議のテーマからも明らかである。日本でも、「学術文庫版まえがき」で述べたように、この種の問題は発生している。

### 地下水汚染

日本でも、高度経済成長期には、また場所によっては最近まで、密かに工場廃液の地下注入が行われていた。もちろん、その実態は不明であるが、自然界に存在するはずのないシアンや有機塩素系溶剤などが、地下水中から検出されるのがその証拠である。過失による事件もあった。一九六〇年代の前半に立川《たちかわ》の米軍基地から航空機の燃料が漏れ出し、浅い帯水層中を地下水面に沿って流れた事件は、数年後に民家の井戸の異臭で明らかになった。当時、自治省消防研究所にいた細野義純さんは、この予期せぬ初期の「トレーサー実験」から地下水の流速を求め、地下水の流れを可視化することに成功した。

地下水汚染対策の基本は、「地下へは汚いものを入れないこと、入れさせないこと」に尽きる。地下水汚染対策については、いまのところ国の法律はないので、地方自治体で努力する以外に方法はない。汚染物質の種類や、汚染の事例については、すでに多数の報告書や解説書が出ているので、そちらにゆずることにしたい。汚染源には、ゴミ穴のような点源と、農薬や除草剤などのような面源とがあり、対策はそれぞれ異なる。

汚れた地下水をどうするかは、地域の事情によって違う。放置して自然回復を待つ場合には、時間が必要である。揚水《ようすい》して滅菌や曝気《ばっき》（汚染水を空気に触れさせ、酸素を供給し、有機汚濁物質を分解する微生物の働きをうながす）をする方法、あるいは希釈《きしやく》する方法をとる場合には、費用負担が問題になる。

汚染された地下水の自然回復力については、すでに全世界で実物大の「予期せぬ実験」が行われた。第一章で述べた時間情報をもつトリチウムは、宇宙線の作用により大気上層で一定量絶えず生産されているが、人工トリチウムも水爆実験により成層圏の大気中へ大量に放出された。降水のトリチウム濃度は一九六三年にピークを記録し、日本では天然レベルの約二〇〇倍まで上昇した。この高濃度のトリチウムが地下水中に入り、地下水を汚染した。しかし人体には無害な濃度だったため、大きな社会問題とはならなかったから、むしろ地球規模で水循環のトレーサー実験を行ったようなものである。私たちのグループも含めて、全世界でトリチウムをトレーサーにした地下水循環の研究が多数行われ、地下水の研究はこれにより飛躍的に進んだ。

一九九〇年代に入ってからのデータによると、わが国の浅い地下水のトリチウム濃度は、天然レベル近くまで減少している。すでに一九六三年当時の「汚染地下水」はほとんど洗い流されてしまった。地下水の循環速度が速いおかげである。しかし大陸諸国では、まだ高トリチウム濃度の地下水が残っている。

つまりわが国では、汚染物質が地表面から地下水中へ運び込まれた場合には、二〇～三〇年程度でその汚染物質は海へ洗い流されてしまう。したがって、これから私たちが地下水を汚さないように努力すれば、地下水はやがてはきれいになり、おいしい水に戻せる。しかし汚染物質が、循環速度の遅い地下水中へ、深井戸などから投入された場合は、この限りではない。

これからの地下水環境行政（実際には水質保全対策や水資源対策の一部として行わ

れているにすぎないが）は、それぞれの地域の水循環の特性を科学的によく理解した上で、長期的視野に立って行われなくてはならない。適正な対策がとられれば地下水環境の蘇生は可能であると、私は考えている。

# 第四章　扇状地の地下水を養う黒部川

## 入善町には水道課がない

雪国富山は水の豊富な県である。明治期のオランダ人技師が「これは川ではない、滝だ」と言ったと伝えられる、北アルプスや飛驒《ひだ》高地から富山湾へ流れ落ちる急流は、小矢部川《おやべがわ》、庄川《しょうがわ》、神通川《じんづうがわ》、常願寺川《じょうがんじがわ》、早月川《はやつきがわ》など多くの扇状地を発達させた。富山は扇状地の県でもある。

もっとも、オランダはライン川最下流部のデルタ地帯に開けた国で、アムステルダムでは、最も急な傾斜が運河にかかる橋へ登る坂である。市の郊外には、海面よりも低い干拓地、ポルダーが広がっている。

オランダには、水を貯める地形がほとんどない。そのため北海《ほっかい》沿岸の砂丘は、わずかな比高を巧みに利用した、人工地下水の「地下貯水池」に利用されている。アムステルダムの水道水は、この「地下貯水池」から供給される。その水の中には、砂丘の降水で涵養された天然の地下水も少しは混じっているが、大部分はライン川の水を浄

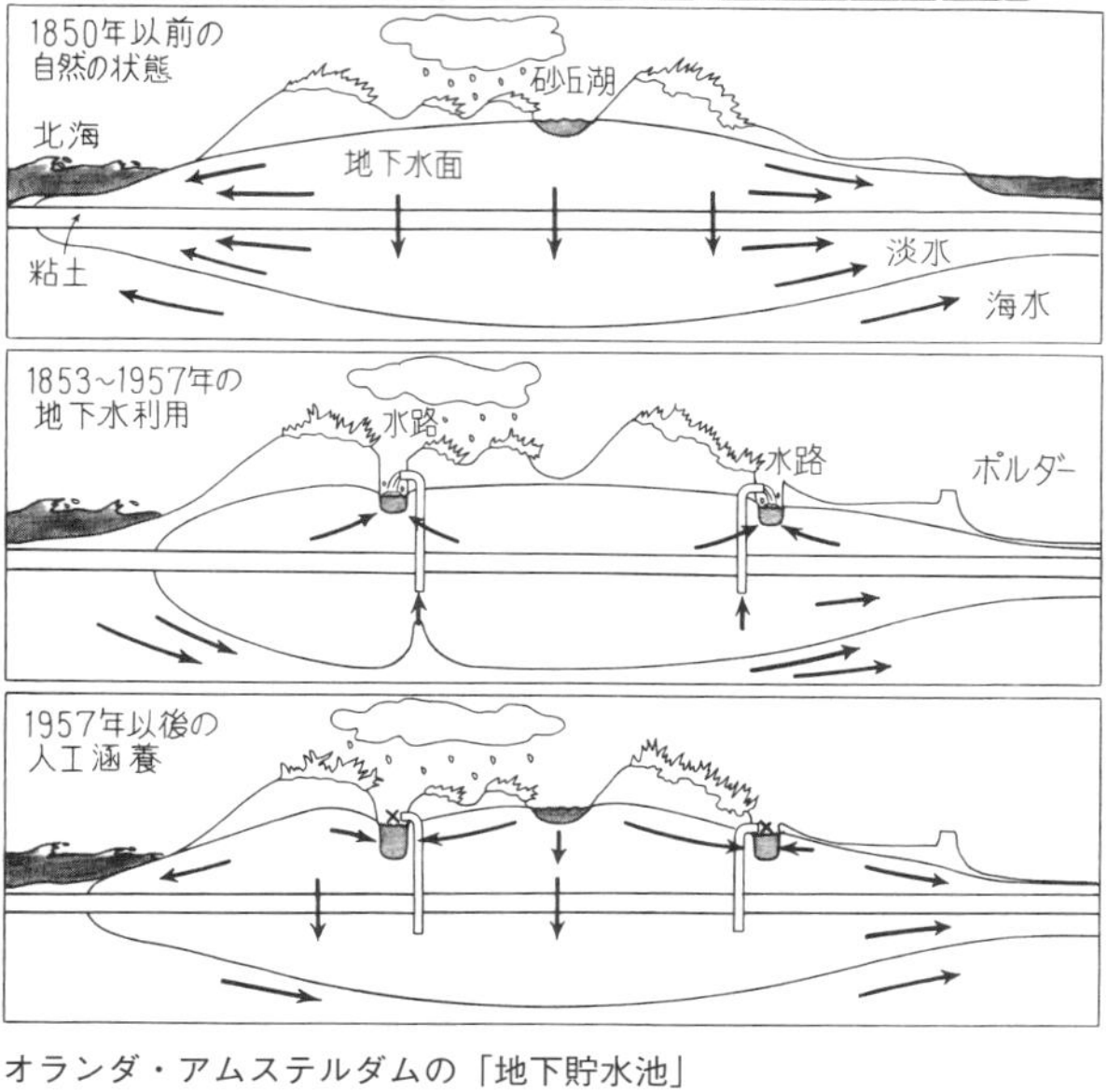


オランダ・アムステルダムの「地下貯水池」

化して、延々五五キロメートルも離れた砂丘まで送られ、砂丘の上に縦横に掘った涵《かん》養池《ようち》（水路）から地下浸透させてつくった人工地下水である。その目的は水の濾過《ろか》と貯水にある。砂丘の地下水涵養水路（池）網への流入地点の標高はわずか六メートルで、池底の標高は五メートルである。国際河川の最末流に位置するこの国では、事故にしろ、故意にしろ、河川水への毒物混入という不測の事態にも備えておかなければならない。このわずかな比高を利用することで、アムステルダムでは、かろうじて一ヵ月分の貯水が可能になった。地下水を「湯水のように」使う日本人には、オランダ人の知恵は浮かんでこない。

このように起伏のほとんどない土地、The Netherlands（nether は下の、の意）から来た技師の目に、富山の平場の川が滝と映ったとしても、それは無理からぬことであった。

富山県の数ある扇状地のなかでも、とりわけみごとに発達した扇状地が黒部川《くろべがわ》扇状地である。扇頂にある愛本《あいもと》の河床標高は約一三〇メートルで、黒部川はここから海までの一四キロメートルを、約一〇〇分の一の勾配で一気に下る。扇状地は、普通は内陸の山麓部に形成される地形だが、黒部川扇状地は直接海に面した臨海扇状地である。世界的に見ると極めて珍しいこの臨海扇状地は、後述するように、地球の歴史をひもとく手がかりとなる有力な情報をたくさん提供してくれる。

黒部川がつくる現扇状地面は、扇を約七〇度開いた形をしており、黒部川はその扇の中央をではなく、かなり左岸側に寄った位置を流れている。行政的には、現扇状地面の右岸側三分の二が入善町《にゅうぜんまち》、左岸側三分の一が黒部市に属している。入善側には舟《ふな》見野《みの》面と呼ばれる時代の一つ古い扇状地面が、現扇状地面の東側にかなり広く残っていて、愛本付近では現扇状地面と約四〇メートルの比高を持つ急な崖をつくっている。

この舟見野面の勾配は約一〇〇分の二と急で、この面は標高三〇メートル付近で現扇状地面の下へ埋没する。このように新旧二つの扇状地の縦断面形が斜めに交わることからもわかるように、この地域では、山地側の隆起と海岸側の沈降が、長いあいだ同時に進行してきた。

入善町の人口は約二万七〇〇〇人である。一九八九年の八月、久しぶりに入善町役場を訪れた。このときの建設課長木本隆信さんは、一九六九年に私たちが行った地下水調査を手伝ってくれた数少ない町役場の現役職員の一人である。木本さんの話では、この町には当時まだ水道課がなく、町民は自家用井戸か、地下水を水源にする簡易水道を利用しているという。人口二万七〇〇〇の町が、公営水道なしにすませられるのは、この扇状地の地下水が豊富で、しかも水質のいい証拠である。この文庫版の校正にあたって、念のため入善町に問い合わせてみたら、二〇一二年一一月現在も水道課はなく、上水道も整備されていない。全人口二万六八三〇人のうちで、井戸水を利用する町営の簡易水道の給水人口は三〇三三人だけで、それ以外の人は地区で水道組合を作っていたり、個人で井戸を掘ったりして水道として使っているとのことであった。入善町は今でもおいしい地下水の飲めるうらやましい町である。

## 筑波移転反対闘争

一九六九年六月二五日の夜、私は東京の水道橋駅近くの会館で米沢甚吾入善町長、鬼原文二富山県魚津《うおづ》農地林務事務所長らと会っていた。

「調査結果が入善町にとって有利とでるか、不利とでるかは、調査してみなくてはわかりません。無条件でまかせていただけるのならお引き受けしましょう」

米沢町長は何も注文は付けなかった。当時、私は東京教育大学理学部地理学教室水収支論講座の助手だった。講座の教授である山本荘毅先生は、筑波移転問題でもめにもめていた教授会がこの日も長引き、私が急遽全権を委任されて入善町長と会うことになったのである。

東大の安田講堂が学生に占拠されたのは一九六八年の夏である。東京教育大学では一九六八年六月に文学部自治会闘争委員会が本部棟を封鎖し、一九六九年二月の機動隊導入による封鎖解除まで、大学の機能は麻痺したままだった。この間の一時期、学生たちによる「検問」で教官の学内入構も制限された。私たち助手の入構は自由だったが、学問と社会の関係が厳しく問われていた。

関西電力株式会社は黒部川の水を流域変更して隣接する小川《おがわ》へ落とす「朝日発電計画」を進めていた。地元の住民は、この計画で扇状地の地下水が涸れるのを心配していた。一九六六年に富山大学学術調査団の『黒部川』（古今書院）が出版された。この本は優れた学術書である。しかし、地下水の章に一部事実と異なる記載があった。その間違いに地元の研究者が気付き、地下水については調査し直さないと不安だということになったらしい。張りつめた時代であった。

一九六九〜七一年に行った黒部川扇状地の地下水調査に先立つ三年間、私（たち）は文部省科学研究費による大栗川《おおぐりがわ》流域（現在の東京都多摩ニュータウン）の水文調査にかかりきりだった。都市化する前の水循環の実態を明らかにし、都市化が水循環に与える影響を調査する基礎資料を作るのが目的だった。

しかし、三年間調査を続けたが目ぼしい成果はなに一つ得られず、この調査は（少なくとも私には）完全な失敗に終わった。フィールド調査の方法論が未熟だったのである。まだ若かった私は、自然が語っている事実の中から自然界の仕組みを読みとる方法を知らず、がむしゃらに器械で測ったデータだけに頼ろうとしていた。限られた研究費では、それは無理だった。いや、たとえ好きなだけの研究費の使用を許されたとしても、当時の私の力では無理だったと思う。初めての大きな失敗で深い傷を負った私は、大栗川と同じあやまちを黒部川では繰り返したくない、また、学生たちが問いかけていた学問と社会との接点を水に求めることはできないかと思い悩みながら、この扇状地へ十数回足を運んだ。

春、田植えのころの黒部川扇状地は一面の湖であった。夏には稲穂のなびく海原に変わった。水が落とされ、刈り取りの終わった田圃《たんぼ》で学生たちと電気探査を行っているとき、赤い柿の実が秋の日に美しかった。宮野山から眺めた能登の落日とともに、忘れがたい光景の一つである。この調査の結果は、もう絶版になってしまったが、『扇状地の水循環』という書名で出版してある（榧根勇・山本荘毅著、一九七一年、古今書院）。

あれから二〇年、黒部川扇状地の地下水はどのように変化しただろうか。そう思いながら、日本大学教授の堀内清司さん、その学生諸君、および私の教え子たちと共同で行った一九八九～九一年の調査結果は、黒部市と入善町のご好意により『実例による新しい地下水調査法』（一九九一年、山海堂）という書名で、私の編著として世に残すことができた。この間二〇年で同位体やコンピュータを含む地下水の調査・解析技術は格段の進歩を遂げた。そのあらましは、両書を比較することにより理解していただけると思う。

## 黒部川扇状地湧水群

黒部川扇状地湧水群は、環境庁（現・環境省）が一九八五年に選定した「名水百選」の一つである。水に恵まれた富山県は、阿蘇火山を持つ熊本県とともに、それぞれ四つの「名水」の指定を受け、名水の両横綱の地位を占めている。選定された百名水の公式ガイドブック『名水百選』㈳日本の水をきれいにする会編、一九八五年、ぎょうせい）の巻末には、「名水百選」の一覧表が載っている。その表の「水の形態」分類によると、「名水百選」の内訳は、湧水七六、地下水五、河川一六、湧水・河川一、瀑布・河川一、用水一で、地下水が圧倒的に多い。

この本の「あとがき」にあるように、都道府県から推薦されてきた名水候補は七八四件あった。実は私も「名水百選調査検討会」のメンバーの一員だった。検討会で最初に名水の選定基準を議論したとき、河川水の扱いが問題になった。わが国では、河川の源流部の水はほとんどみな名水と言ってもいい。しかし、人里はなれた水を名水に指定して何ほどの効果が生まれるか。

結局、(1)水質・水量・周辺環境・親水性の観点から見て、状態が良好、(2)地域住民等による保全活動がある、の二項を必須条件とし、(3)規模、(4)故事来歴、(5)希少性・特異性・著名度等を勘案して百水が選ばれた。「名水」必ずしも「水質の優れた水」ではない。環境庁のねらいは、名水の選定が地域の水環境保全のきっかけになれば、という点にあったと思う。その後の経過をみていると、このねらいは当たったように思われる。「名水」以外の名水を差別したという問題も生んでしまったが、少ない予算で効果をあげた行政のヒットではあったと思う。

この「昭和の名水百選」から二〇年以上経過して、環境省は「地域住民等が、望ましい水環境を保全・維持する取組に主体的に関わっていくこと」の一助として「平成の名水百選」を選定した。「平成の名水百選」でも地下水が圧倒的に多い。

**天然記念物「杉沢の沢スギ」**

黒部川扇状地の扇端部には、かつて豊富な湧水があり、そこから流れ出る水流に沿

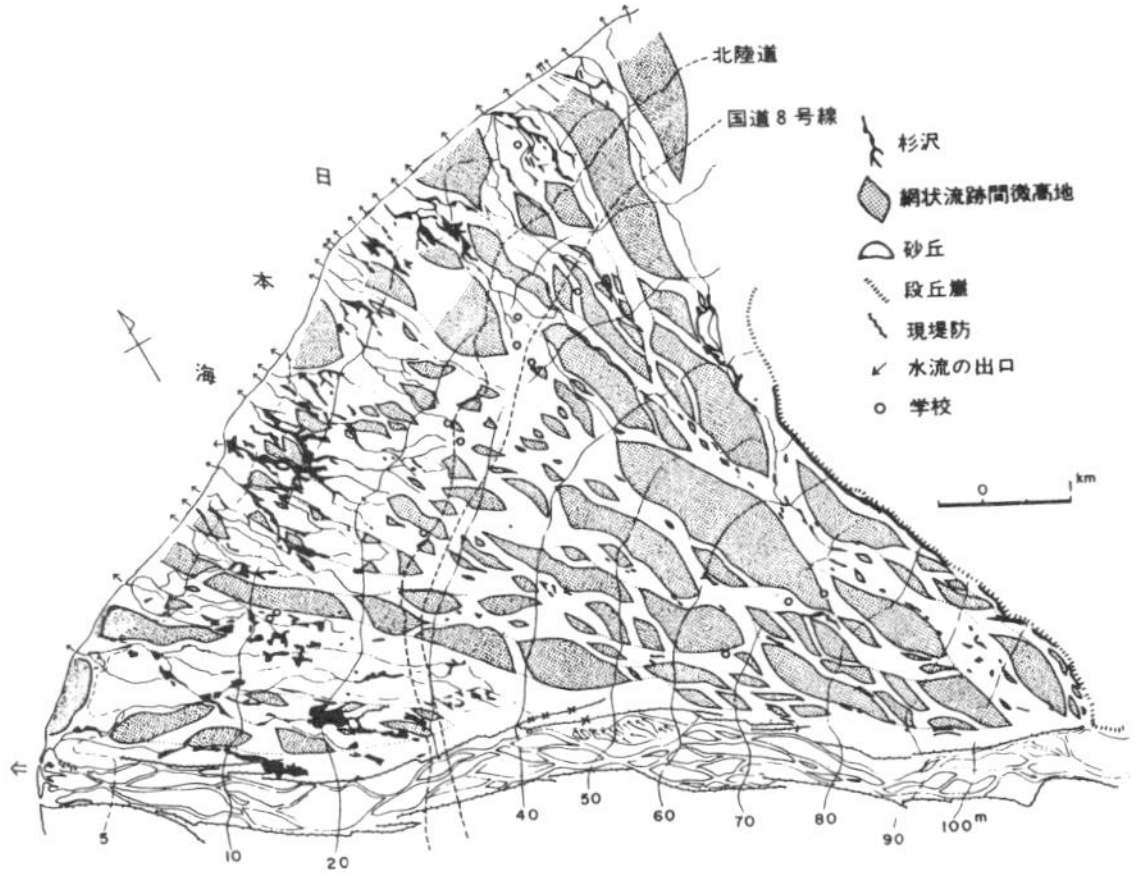

黒部川扇状地の水文地形図と杉沢

って杉が自生していた。この水流に沿った杉の天然林を「杉沢」、そこに自生する杉を「沢スギ」という。

右ページの上図は四〇年ほど前に私が作成した入善側の杉沢の分布図（黒部川扇状地の水文地形図）である。資料は一九六四〜六六年撮影の圃場整備前の空中写真と入善町役場発行の一万分の一地形図で、現地調査で一部を補った。主として空中写真から、扇端部の湧水で養われている杉沢と、旧河道帯に残っていた林地を写しとった。後者のなかには杉沢でないものも混じっている。典型的な杉沢は、標高二〇メートル以下に見られる、ワカメを広げて延ばしたような形の連続した林地である。現地調査を行った一九六九〜七一年には、農林省（現・農林水産省）の構造改善事業による圃場整備が進行中で、杉沢はブルドーザーでつぶされつつあった。

一九六九年当時で、この杉沢は約四五ヘクタールあったが、圃場整備事業でそのほとんどが伐採され、県の自然環境保全地域に指定されている二・七ヘクタールのみが残る。杉沢に群生する沢スギは、国の天然記念物にも指定されているが、かつての景観を知っている私には、絶滅した種の植物園における見本のようにしか見えない。

現地の案内板には、「スギは立山杉と考えられ、多量の積雪のため根もとに萌芽した幼苗が、雪の重みで倒れ、曲った部分から発根する伏状現象が見られる。林内には自生の北限とみられるマンリョウ、カラタチバナ、オモトなどの暖温帯植物、オオバツツジ、キンコウカなどの山地性植物、サギソウ、モウセンゴケなどの湿地性植物など多種多様な植物が自生し、特異な群落を構成している」とある。現在、生態系の多様性の保全が、地球環境問題のキーワードの一つになっているが、杉沢は保護されるべき多様な生態系の一つではあった。

名水百選に選ばれた「黒部川扇状地湧水群」には、この杉沢のほかに黒部市生地《いくじ》の自噴井を利用した「共同洗い場」や、水飲み場の「清水《しょうず》の里」が含まれている。一九九〇年に、町起こしの一環であろうか、入善町には「扇状地湧水公苑」がつくられ、人が訪れると自動的に作動する赤外線によるリモートコントロールの噴水と、その周りに林立する異様なコンクリートの柱が、訪問客を驚かせている。これはこれで面白い企画ではあるが、せめてもう少し杉沢を広く残すことができたならば、それだけで十分に町起こしに役だったであろうものをと惜しまれる。失われた自然についてはみなそうであるが、失ってみて初めてその価値に気付くとは、人間はおろかである。

一般に扇状地は砂礫層《されきそう》からなり、浸透能が大きいので、扇状地面の降水はすべて地中へ浸透して地下水になる。その地下水は扇端部で湧水となって湧きだして扇端湧水帯をつくる。黒部川扇状地では、杉沢帯がそれに当たる。扇端湧水帯は杉沢によって可視化されていた。昔は扇端部で深井戸を掘ると四メートルくらいは自噴したが、地下水揚水量の増大や圃場整備による田面からの浸透量の減少で、現在の自噴高は地面すれすれまで低下してしまった。

## 蜃気楼と埋没林

富山の人は富山湾の魚が一番うまいという。氷見《ひみ》の魚はとくに有名である。一番かどうか私には判定できないが、うまいことは確かである。「身がしまっていて、甘味がある」程度のことは私にも言えるが、味を言葉で伝えることは無理である。グルメの方には富山までお出かけ願うしかない。

魚がうまいことと、海水温が低いこととは関係があると思う。熱帯へはたびたび出かけたし、長期滞在もしたが、魚がうまいと感じたことはなかった。先に述べた諸河川は雪融けの冷たい水を富山湾へ大量に流し込む。さらに臨海扇状地からは、地下水が海底へ直接湧き出している。その水温は一〇度前後である。

黒部市に隣接する魚津《うおづ》市は、片貝川《かたかいがわ》がつくった扇状地の上にある。魚津の町起こしのキーワードは蜃気楼《しんきろう》と埋没林である。蜃気楼は冷たい雪融け水が流入する春先の富山湾上の気温の逆転による光の屈折現象である。埋没林が腐らずに残っていた一因として、海底へ流出する低温の地下水はプラスの役割を果たしてはいなかっただろうか。

魚津の埋没林は一九三〇年に魚津漁港の改修工事の際に発見された。ちょうど五〇年後の一九八〇年五月、入善町吉原《よしわら》沖の水深二〇〜四〇メートルの海底でも埋没林（地元では海底林と呼んでいる）が発見された。この埋没林研究の中心となった富山大学の藤井昭二教授の論文によると、この埋没林の年齢は水深四〇メートルで約一万年、水深二〇メートルで八〇〇〇年である（藤井昭二・奈須紀幸編『海底林』、一九八八年、東京大学出版会）。藤井さんは埋没林保存に果たす地下水の役割については、どちらかというと否定的である。しかしその役割がプラスかマイナスかはともかく、後述するように、吉原沖に黒部川扇状地最大の海底湧水があることは、ほぼ間違いない。

『黒部市史　自然編』（黒部市史編纂委員会編纂、一九八八年、黒部市）の中で、地元の研究者は吉原沖の埋没林について、大略次のように記述している。

この埋没林は最後の氷期に海面が約一〇〇メートル（現在の知見では約一三〇メートル）低下した時代に、陸上に生育していた森林である。水深三五〜四一メートルに生育していた木本は、ミズナラ・ブナ級（クラス）域の下部に属する植生である。当時の植生帯は現在の富山県の植生帯を下方へ約五〇〇メートル平行移動させた植生に類似しており、気温は現在より三〜四度低かった。そのような環境で、河川水や湧水の多い所ではヨシを中心とする禾本科《かほん》（イネ科）植物が生育し、その周辺にはヤナギ群落、さらにその周辺にはハンノキ群落が散在し、扇端部にはハンノキ・スギが生育していた。また少し小高いところにはブナ・ミズナラが繁茂していた。水深二二〜三〇メートルにはヤブツバキ級域の上部の木本が分布している。この植生の時代は気温が現在より約二度低温で、ミズナラ・ブナが生育していた時代よりも少し温暖だった。

吉原沖に埋没林が残っていた理由については、あとで私の考えを述べる。

### ガイベン・ヘルツベルクのレンズ

臨海扇状地に限らないが、海岸の砂浜で穴を掘ると、最初は真水が出る。穴を深くすると、ある深さで水は塩からくなる。この淡水と塩水の境界面の深さは、淡水と塩水の密度差によって決まる。淡水の密度を一・〇〇〇、海水の密度を一・〇二五とすると、「地下水面の海抜標高がhの地点では、塩淡水境界面は地下水面下hの四一倍の深さに現れる」。つまり海岸の井戸の水面が海面から一メートルの高さにあると、

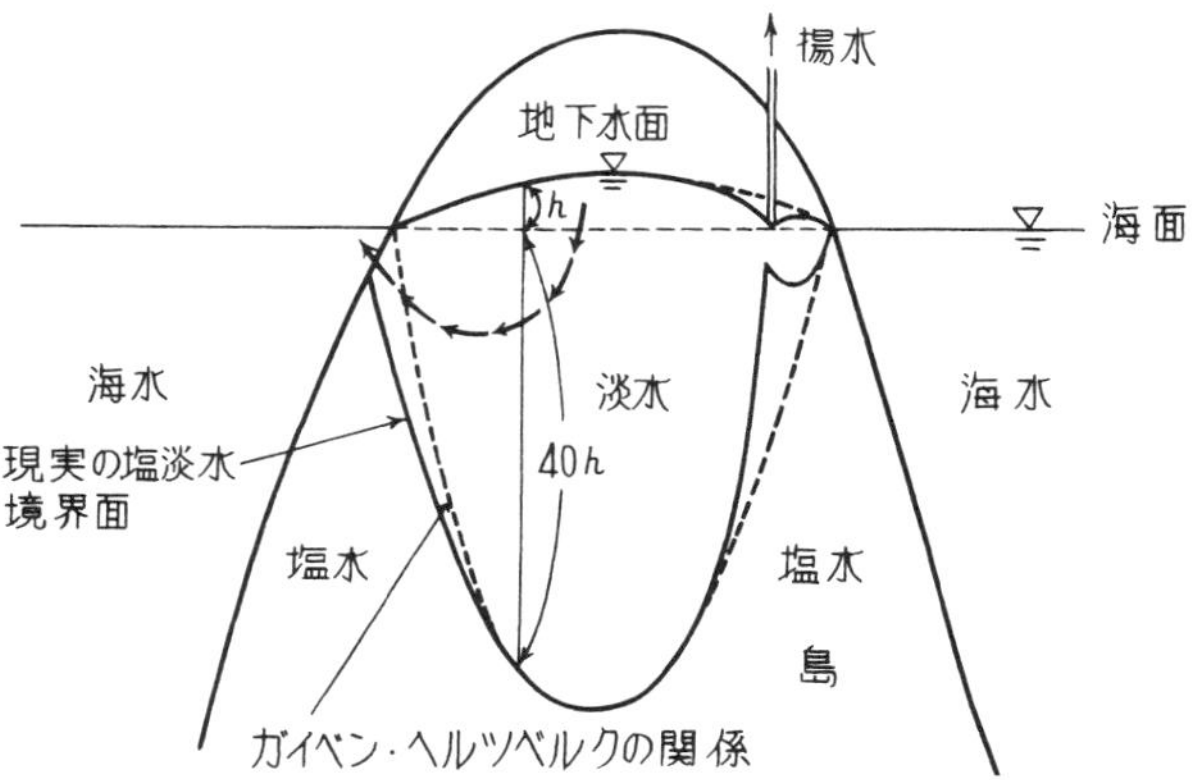


ガイベン・ヘルツベルクのレンズ

その地点では地下水面下四一メートルまで真水がある。地下水面標高が一センチメートルまで低下すれば、当然その四一センチメートル下まで塩水が上昇してくる。

この関係は一八八八年にガイベン、一九〇一年にヘルツベルクによって、それぞれ独立に発見された。北海《ほっかい》にある島の地下で、海水の上にレンズ状に浮いている淡水について発見された関係だったので、この現象を、二人の名を付けてガイベン・ヘルツベルクのレンズ（または関係）という。この四一倍という値は静的平衡状態、つまり地下水が流動していないときの値である。現実には地下水は循環しており、海へ流出する。このような動的平衡状態での塩淡水境界面（実際は面ではなく、淡水と塩水が混ざった境界混合層）の深さは、四一倍よりも少し深くなる。黒部市の海岸近くにある温泉旅館は、塩淡水境界面よりも下から汲み上げた地下水を「温泉」に使っているので、湯は塩分を多量に含んでいる。

工業技術院地質調査所水資源課長の田口雄作さんは、一九八六年の大島《おおしま》噴火のとき、噴火との関係を調べるためにこの島の地下水調査をした。大島の一部の地域の地下水面は海面すれすれにあった。この島の火山岩の透水性が極めて大きく、地下水はすぐに流出してしまい、岩の中に長く留まっていることができないからである。このような島では、ガイベン・ヘルツベルクの関係から明らかなように、淡水レンズの厚さは極端に薄い。

同じ伊豆七島の一つ、三宅島の新澪池《しんみょう》についての立正大学教授の新井正さんらの調査結果によると、この池の淡水は厚さ約一〇メートルで、塩水の上に薄く浮いていた。池は大きな井戸と同じであるから、この島の淡水レンズも極めて薄いことがわかる。

海へ流出する地下水は、流出してしまえば水資源としての価値を失う。水資源の乏しい火山島では、この海へ逃げる地下水をいかに有効に利用するかに、頭を悩ましている。地下水を汲みすぎて地下水面を低下させると、ガイベン・ヘルツベルクの関係から予測できるように、その井戸の下へ逆漏斗《ろうと》状に塩水が上昇してきて、地下水が塩水化する。海岸地下水の塩水化は日本や世界の各地で多発している。

島の地下水の有効利用策として考えられたのが、宮古島《みやこじま》の地下ダムである。この島は火山島ではなく、泥岩の上に珊瑚礁石灰岩が載っていて、河川はまったく発達していない。降水はみな地中へ浸透するが、石灰岩は割れ目が多くて透水性がいいので、地下水は海へ逃げやすい。運よくこの島には、平行に走る断層が発達していて、一部泥岩が落ち込み、細長い石灰岩の地層が海に向かって傾斜し、地中に埋め込まれたような地質構造形をしていたので、この石灰岩帯水層の海への出口に「地下ダム」を造り、地下水の流出を人工的に阻止した。一九七九年二月に私が現地を訪れたときは、石灰岩のグラウト工事（セメントミルクを流し込み、目詰まりを起こさせ、地層の透水性を下げる工事）が進行中であった。グラウト工法には限界があったようで、最近の情報では、地下に構造物を造って地下水の流出を抑え、実用化に成功している。しかしこの工事も、地質条件に恵まれた特殊な場所だからできたことで、どこででも通用する技術とはいえない。

最近の流行言葉《はやりことば》になっている「自然との共生」には、自然界の多様性の理解と、それぞれの土地の条件に適合した技術の開発が必要である。宮古島の地下ダムはその一例といえようか。

黒部川扇状地の地下水は、ガイベン・ヘルツベルクの関係によって、海への自由な流出がさまたげられている。したがって上流側から流れてきた地下水は、海岸付近で流れを上向きに変え、浅海底へ湧き出す。地元の漁師の話では、波の静かな早朝には、地下水の湧き出す地点の海面が少し盛り上がって見えるそうである。佐久知穴ほどではないと思うが、起こりうることである。

一九八九年の地下水調査で、黒部川扇状地の自噴のメカニズムを、韓国の啓明大学校の裵《ペ》相根《サングン》君が、筑波大学水理実験センターの嶋田純君と共同でコンピュータ・シミュレーションで調べた。最初、海岸部の地下に粘土層を挟んだ条件を与え、粘土層の自噴効果を計算してみたら、約二メートルの自噴高が得られた。さらに粘土層のほかに塩水による地下水の流出阻止効果を組み込んでみたら、自噴高は約五メートルに増えた。この計算結果は、この扇状地のみごとな自噴構造が、臨海扇状地であることに起因することを示している。実際にこの扇状地には、地下水開発の初期には数メートルの自噴高があった。

## 地下水を養う黒部川

黒部川扇状地では一九九〇年現在、日量約一七万トンの地下水利用が行われている。新たな工場の進出や、消雪用や水道用地下水の増加などで、この扇状地では今後も地下水利用の増加傾向が続くと予想されている。一方、大雪のときなどには、道路消雪用地下水が短時間に集中的に揚水されるので、一時的にではあるが、海岸部の地下水面は海面標高近くまで低下する。「果たしてこの扇状地の地下水は、今後も持続的な利用が可能なのだろうか。塩水化の心配はないのだろうか」。黒部市と入善町当局は、このような地元の人々の不安に応えるために、地下水についての科学的なデータを必要としていた。

この扇状地の地下水調査について再度の相談を受けたとき、私は、一九七〇年代以降の二〇年間で地下水の調査・解析技術は飛躍的に進んだので、この機会に「地下水の健康診断」を行ってみることを勧めた。地下水は、地域の自然環境を健全な状態に保っている血液にたとえることができる。一九九〇年代前半のある国際会議の案内の冒頭にも、「水は陸上生物圏の血液である。(Water is the lifeblood of the terrestrial biosphere.)」とあったから、私と同じ考えの研究者も増えてきたようである。

地下水を水資源として利用しつつ、しかも自然環境の保全をはかっていくには、地域の血液としての地下水の健康診断が必要である。地下水の健康診断とは、地域の中で果たしている地下水の役割を明らかにすることである。具体的には、地下水のいれものとしての地形・地質、地下水循環の実態、地下水と地表水との交流関係などを、地下水利用との関係も含めて、推測によってではなく、証拠を示して、目で見えるように明らかにすることである。

スイモンリサーチ株式会社の石橋弘道さんが仲介役になり、私たちが全面的に協力して実施した黒部川扇状地の「地下水健康診断」の結果が、前述した編著『実例による新しい地下水調査』である。昨今、時代の要請に応えられるよう、国立大学でも制度が整い、産官学の共同研究の実施は以前よりも容易になった。

一九八九年の調査のハイライトの一つは、黒部川の地下水涵養機能が定量的に明らかになったことである。黒部川が地下水を涵養していることは、定性的には地下水面の形態から一九六九年にすでにわかっていた。黒部川に沿って地下水面に高まりが生じるのは、黒部川の水が地下水へ漏れている証拠である。一九八九年に新たに判明した事実は、川から漏れている水の量と、その影響範囲である。

すでに第一章で説明したように、天然の水には、酸素（または水素）の安定同位体比の違いによる重い水と軽い水があり、水自身を水循環のトレーサーとして使える。

同位体的にみると、流域の平均高度の高い黒部川の河川水は軽く、黒部川扇状地で降り、そこで浸透して地下水になった水は重い。降水と、河川水と、地下水の安定同位体比を測定すれば、地下水中に河川水がどんな割合で混じっているかがわかる。安定同位体による調査は、嶋田純君が担当した。

次ページの図は酸素の安定同位体比を表すデルタ値の分布を示している。マイナスのついた数字の絶対値が大きいほど、その水は軽い。デルタ値は、標準平均海水の重さに対する採取した水の重さの偏差の千分率（パーミルという）を意味している。安定同位体比は質量分析計で測定できる。河川水の重さはパーミルで、黒部川（マイナス一二・八）、小川（マイナス一一・〇）、舟川《ふながわ》（マイナス九・八）の順に流域の平均高度が減少するほど重くなっている。また地下水の安定同位体比は、黒部川から離れるにつれて重くなっている。水素の安定同位体比についても調査したが、傾向はまったく同じであった。

この図から明らかなように、地下水中の黒部川河川水の混合比率は、川から離れるにつれて小さくなる。この扇状地に降る降水の重さは、舟川のマイナス九・八で代表できるから、黒部川の影響はマイナス一〇の等値線付近まで及んでおり、その影響範囲は左岸側よりも右岸側で大きい。これは後述する地下構造や揚水井の分布と関係し

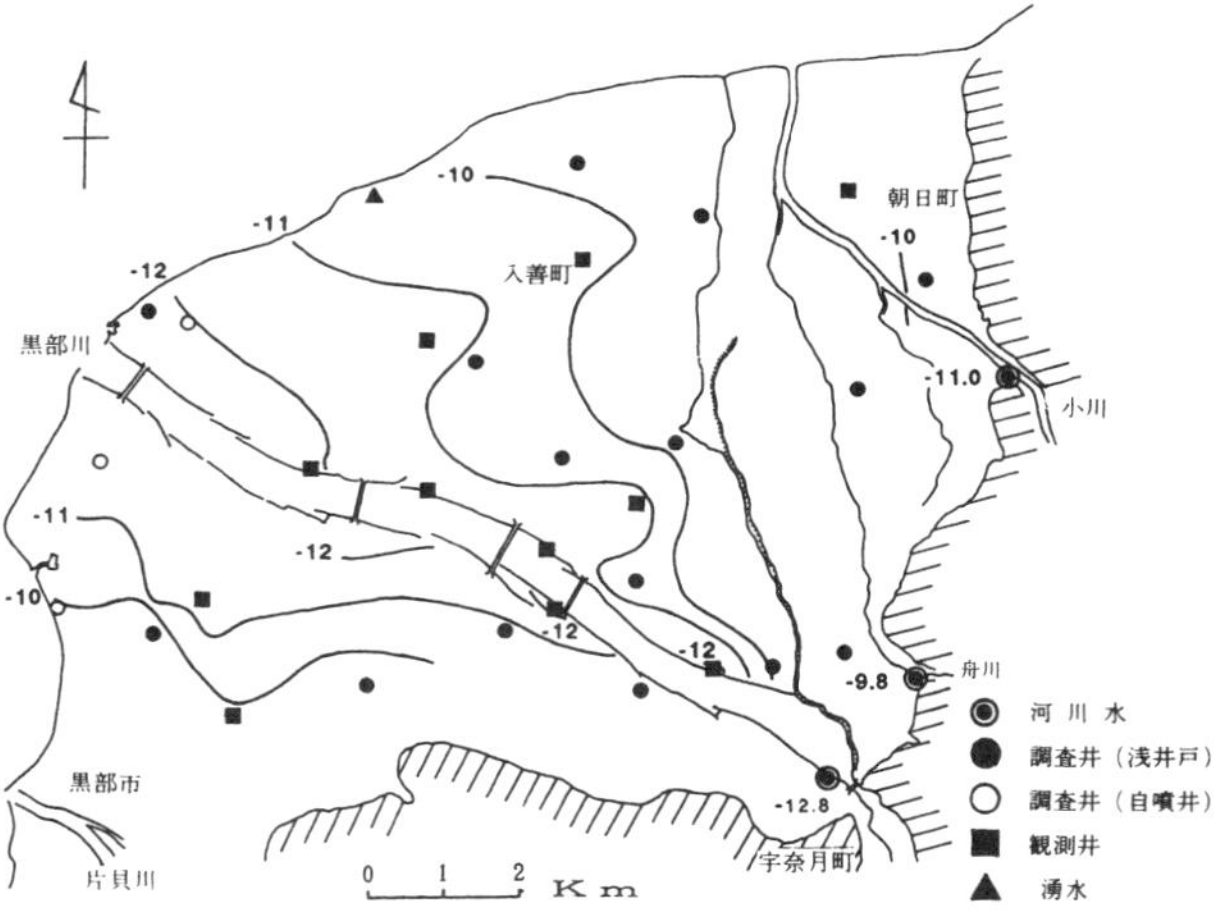


酸素の安定同位体比の分布

ている。また黒部川からの距離がほぼ等しい浅井戸と深井戸を比べてみると、川の影響は浅井戸よりも観測井（いずれも深さ三〇メートル以上の深井戸）で、より遠くまで及んでいる。これは深井戸による揚水のために、黒部川の水が深層へ引き込まれているからである。

　黒部川の河床から漏れている水の量、つまり河川からの地下水涵養量は、同時流量観測による河道の水収支から求めることができる。流量観測は石橋さんが担当した。黒部川の本川流量と、そこへ流入（またはそこから流出）する支流や水路の流量をすべて同時（同日）に測定し、本川流量の収支の差として、堤防に挟まれた河道区間からの地下水涵養量を計算した。愛本から海までの区間の地下水涵養量の合計は、毎秒一四トン、日量で一二一万トンになった。この扇状地では、予想以上に大量の水が河川から地下水へ漏れている。条件を与えた計算ではあるが、地下水流動シミュレーションからもほぼ同じ値が得られた。

一般に、湿潤地域の河川は地下水からの涵養を受け、流下するにつれてその流量を増す。逆に、乾燥地域の河川は、地下水への涵養や蒸発による損失で、流下するにつれて流量を減じ、末無川となる。湿潤地域の河川の例外が扇状地河川の扇頂から扇央にかけた区間で、黒部川はその代表的な例である。黒部川がこのように大量の地下水涵養を行っているのは、河川の周辺域で大量の地下水が揚水されているからである。

このような、河川水を引き込むかたちの地下水利用を、専門用語で「誘発涵養」という。海に面する黒部川扇状地では、もしも誘発涵養が行われなかったならば、その水は河川水として海へ流出してしまい、海水と混じったとき水資源としての価値を失う。誘発涵養は賢い地下水利用法である。河川水を誘発涵養する水利用を、わが国の用水統計では「伏流水」利用と定義し、地下水利用とは別に分類している。しかし、科学的には伏流水も地下水である。水には、同位体によるラベルは貼られているが、伏流水と地下水を区別する色は付いていない。水は、あるときは河川水、あるときは地下水、またあるときは水蒸気と、水循環の過程でその姿をさまざまに変える。

水はまさに怪人二十面相である。

## 沿岸海域土地条件図が語っていること

一九八二年に国土地理院から二万五千分の一の沿岸海域地形図『黒部』図幅が発行された。この図には一九八〇年に測量した海部の等深線が、浅海部では一メートルおきに記入してある。同時に発行された同縮尺の沿岸海域土地条件図『黒部』には、海底の等深線のほかに、海底の基盤等深線が記入してある。黒部市役所農政課の松井善治さんの話では、後者は地元の漁師に数百部も売れたそうである。この図には、漁師が経験的に知っていた海底の小地形がみごとに図化されている。ということは、沿岸の漁場は海底の小地形と密接な関係があるからであろう。

次々ページの図①は現扇状地面の一〇メートル間隔の等高線と、海底の等深線を示している。この図から黒部川扇状地の沖合いには、aからoまでの大小さまざまな海底谷が発達していることがわかる。一方、一五二ページの図②は舟見野面と前沢《まえざわ》面の一〇メートル間隔の等高線と、海底の基盤等深線を示している。図①の等深線が海底面の深さを示すのに対して、図②の基盤等深線は海底面の下に埋没している基盤の上面までの深さを示している。沿岸海域土地条件図には、この「基盤」が何を意味するかについての説明はないが、測深が音響探査で行われたことを考えると、この基盤は時代の一つ古い埋没地形面を示していると解釈される。

沿岸海域土地条件図の『魚津』、『富山』、『氷見』の各図幅によると、富山湾に流入する諸河川の河口沖合いには、いずれもみごとな海底谷が発達している。しかもこれらの海底谷の数は、必ずしも一本の河川に一本とは限らず、例えば神通川では、現河道の延長上に一本、旧河道の延長上にもう一本と、複数の海底谷が刻まれている。この事実は、海底谷の形成が河川の侵食作用によることを示唆している。図①にある海底谷も、aとbは片貝川、bとcは布施川、l・m・n・oは小川または舟川の延長上に発達している。

これに対してdからkまでの海底谷は、現扇状地面の中央部沖合いに集中して分布している。しかもこれらの海底谷の起伏は、図②の基盤の起伏と一致する。言い換えれば、これらの海底谷はすべて基盤の谷（ここでいう基盤とは、その上に載る最新の海底堆積物に対する基盤を意味し、扇状地砂礫層に対する基盤とは異なる）を踏襲している。

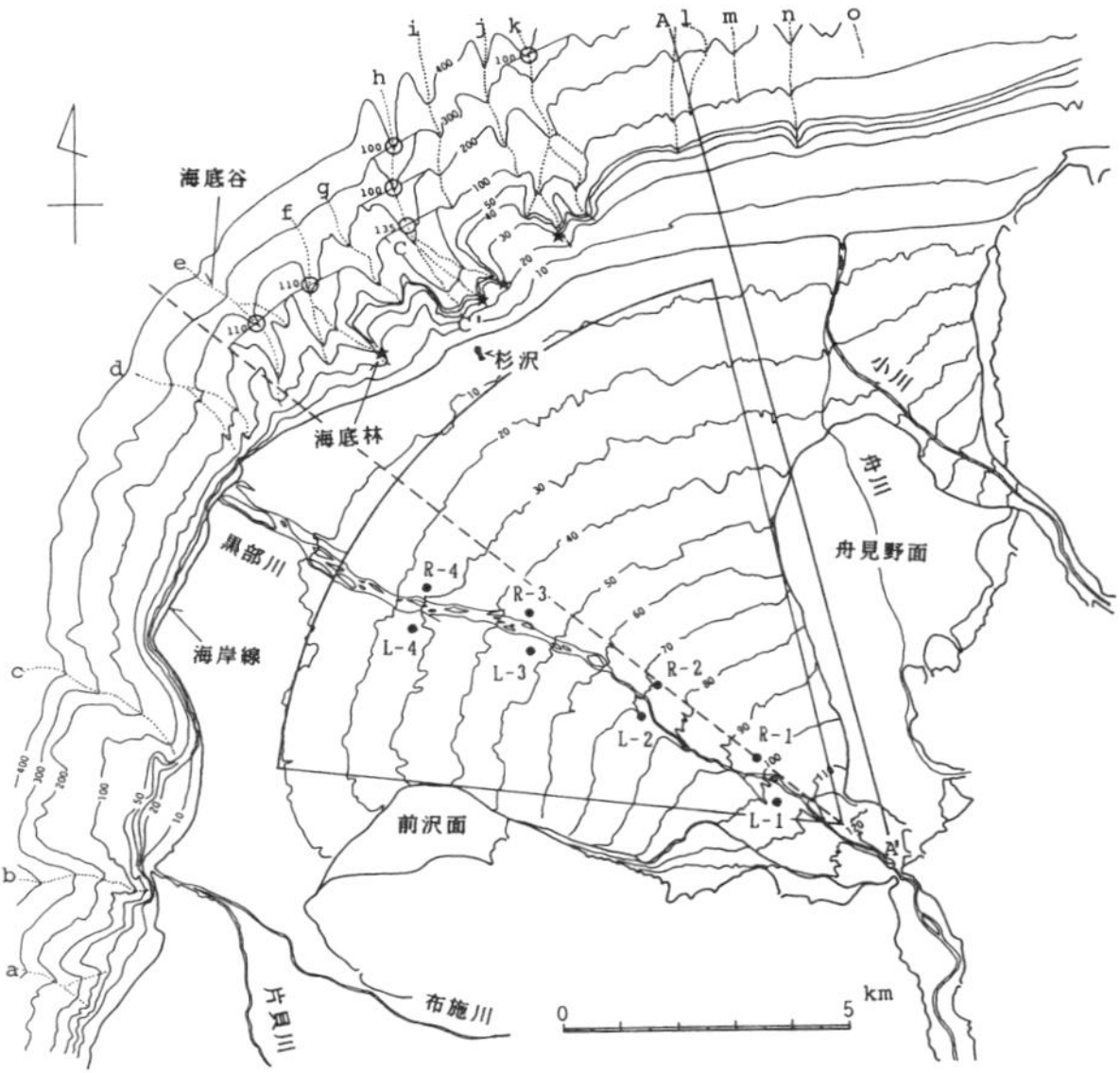


①黒部川扇状地と海底地形（RとLは観測井）

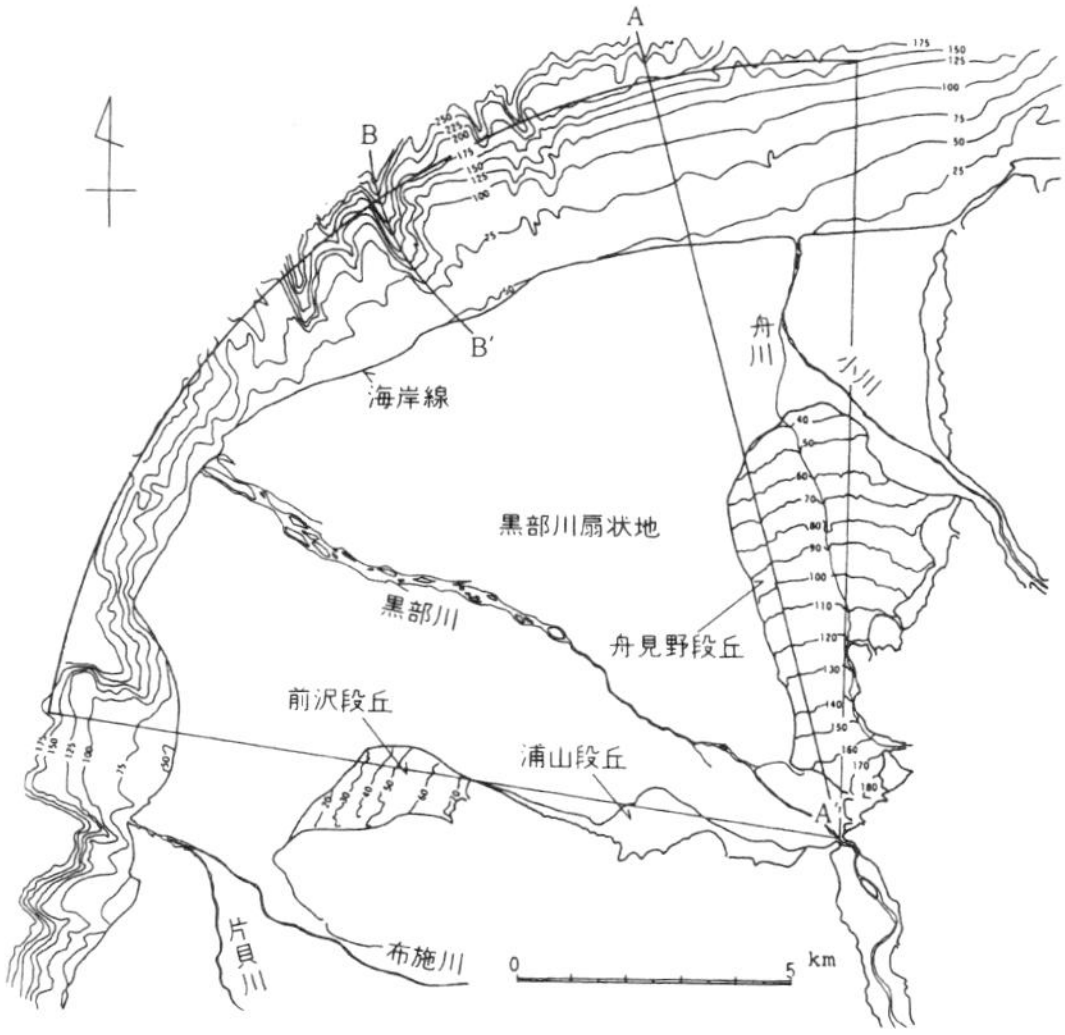


②舟見野面および海底の埋没基盤面の形態

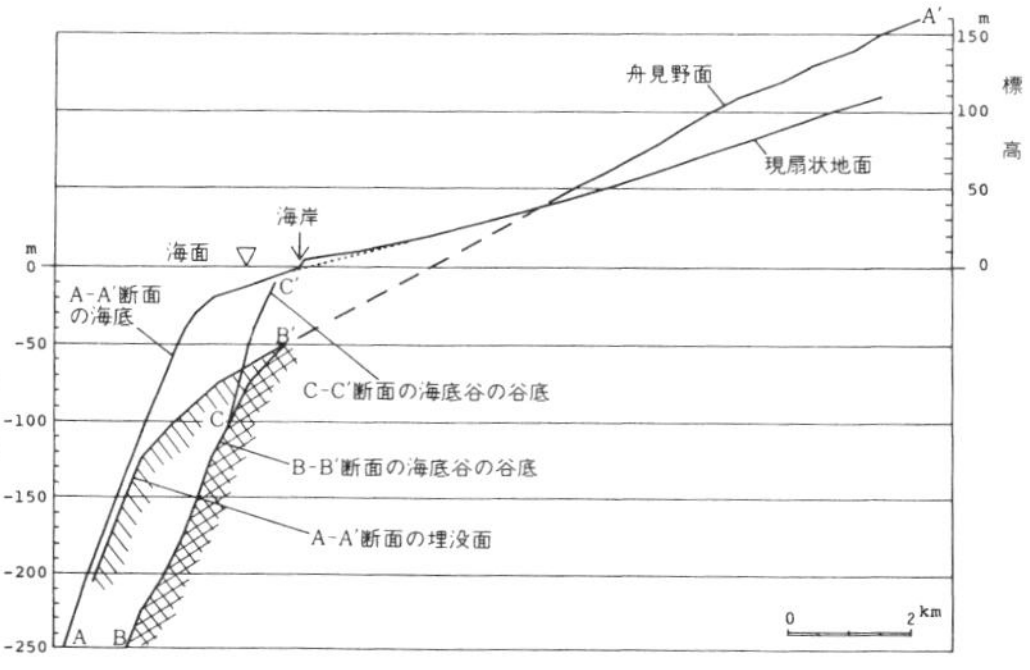


③地表面，海面下の埋没面，陸地の埋没面の関係

図③は、図①と図②のA—A'の地形断面と、図②B—B'および図①のC—C'の海底谷の谷底の断面を一枚の図に記入したものである。明らかにA—A'の海底の基盤上面（埋没面）は舟見野面と連続する。また、A—A'断面の海底面の傾斜は、その埋没面の傾斜とも、B—B'断面の谷底傾斜とも、さらにC—C'の谷底の傾斜とも等しい。この一致は、海中における堆積物の安定角の存在を示しているのではないであろうか。

この図には記入してないが、一九七〇年代の調査の電気探査の結果によると、この扇状地の海岸部における「扇状地礫層に対する基盤」の深さは約一五〇～二〇〇メートルである。つまり海岸部の砂礫層の厚さは一五〇～二〇〇メートルもある。

沿岸海域土地条件図からは、この他にまだ多くの情報を読みとることができるが、とりあえず以上の情報を手がかりにして、黒部川扇状地の成り立ちについて考えてみることにしよう。

## 水温異常が明らかにした埋没地形面

地下水は冬温かく、夏冷たい。七〇歳代以上の人々は、たぶん寒い冬の朝に顔を洗った温かい井戸水や、井戸で冷やした西瓜の冷たさから、そのことを実感している。しかし地下水の水温は年中一定で、これが外気温に対する相対的な感覚にすぎないことは、だれでも知っている。

浅層の地温（すなわち地下水温）は、地表面からの熱伝導の影響を受けて年変化する。しかし、ある深さ以下になると年中一定の温度を示すようになり、この深さを恒温層と呼んでいる。日本における恒温層の深さは八～一五メートルで、その温度は年平均気温よりも一～二度高い。私は一九八〇年ころから、年平均気温と年平均地温の地表面における不連続に気付いていたが、その理由を深く考えたことはなかった。海外学術調査で一九九二年の夏スリランカへ行き、宿で酒を飲みながら「シンポジウム」をやっているとき、上越教育大学助教授の中川清隆君がその理由を次のように説明してくれた。

年平均地温が年平均気温よりも少し高い理由は、地表面が大気を温めている（地表面から大気へ顕熱が輸送されている）ことのほかに、地表面から赤外放射で熱が大気外へ余分に逃げているからである、と。この熱が逃げる程度は、熱帯と寒帯で違うはずであるから、地表面におけるこの年平均温度のギャップが緯度によってどう違うか、調べてみたら面白いと思う。閑話休題。

わが国の地下水温は、恒温層以深では、前述のように一〇〇メートルにつき平均約三度ずつ増加する。この増温率は火山地域や亀裂系など、地熱の供給の多いところで大きく、堆積盆地では小さい。ここで議論しやすいように、気候条件と地熱条件に規制されて、熱伝導だけで決まるその場所に固有の恒温層温度を「基準地下水温」と呼ぶことにしよう。

この基準地下水温の分布は、地下水が流動することによって運ばれる熱、すなわち「移流効果」によって乱される。例えば、地表面から浸透した冷たい水の影響範囲内の地下水温は、基準地下水温よりも低くなる。逆にいうと、実測地下水温の基準地下水温からのずれの大きさは、移流効果の大きさ、すなわち地下水の流動状態によって決まる。これが、水温を地下水流動のトレーサーに使える理由である。

黒部川扇状地の基準地下水温は約一一度で（厳密にいうと、この温度には移流効果も含まれている）、深さ一〇〇メートルまでの増温率はほぼゼロに近い。黒部川河川水の年平均水温は、黒部川流域の平均標高が高いので、一一度よりも低い。したがって、黒部川が地下水を涵養しているならば、地下水温の分布からも河川水の影響範囲を調査できるはずである。また黒部川扇状地のほとんどは水田になっているので、地下水温は浸透する灌漑水によっても変化する。浅層の地下水温は、暖候季には温かい水が浸透するので上昇し、寒候季には冷たい水の浸透で低下する。

次々ページの図は黒部川の右岸の堤防沿いに建設省（現・国土交通省）が設けた四

本の観測井（前掲①黒部川扇状地と海底地形のR-1〜R-4）内の、一九八九年一〇月、一九九〇年二月、同四月、同八月の地下水温プロファイルである。観測は島野安雄君が担当し、満一年間毎月観測したが、代表的な四例だけを示した。この図から、水温が階段状に変化していることがわかる。水温の急変点のおよその深度は、R-1で一五メートル、R-2で二五メートル、R-3で三五〜四〇メートル、R-4で四五メートルと、海岸へ近づくほど深くなっている。なおこの扇状地には、建設省の観測井が左岸側にも四本あり（同前掲図①のL-1〜L-4）、通産省（現・経済産業省）が設けた観測井も両側に各三本ずつある。観測井の水温による地下水流動解析は奈良教育大学助手の谷口真人君が担当し、面白い結果を得ているので、ご関心のむきは前述の『実例による新しい地下水調査法』を参照していただきたい。

次々ページの図は扇頂と扇端を結ぶ地形の断面に、右岸堤防沿いの観測井の水温急変点の位置を記入したものである。四地点の水温急変点は、破線で示すようにほぼ一本の直線上に並び、この直線が海底と交わる地点の水深は一〇五メートルになる。

次ページと次々ページの図に示す観測事実を、私は次のように解釈している。温度が階段状に変化するのは、地層の透水性の違いによる。一般に扇状地砂礫層の透水性は、浅層の新しい帯水層ほど大きい。温かくて軽い灌漑水が浸透して地下水になる

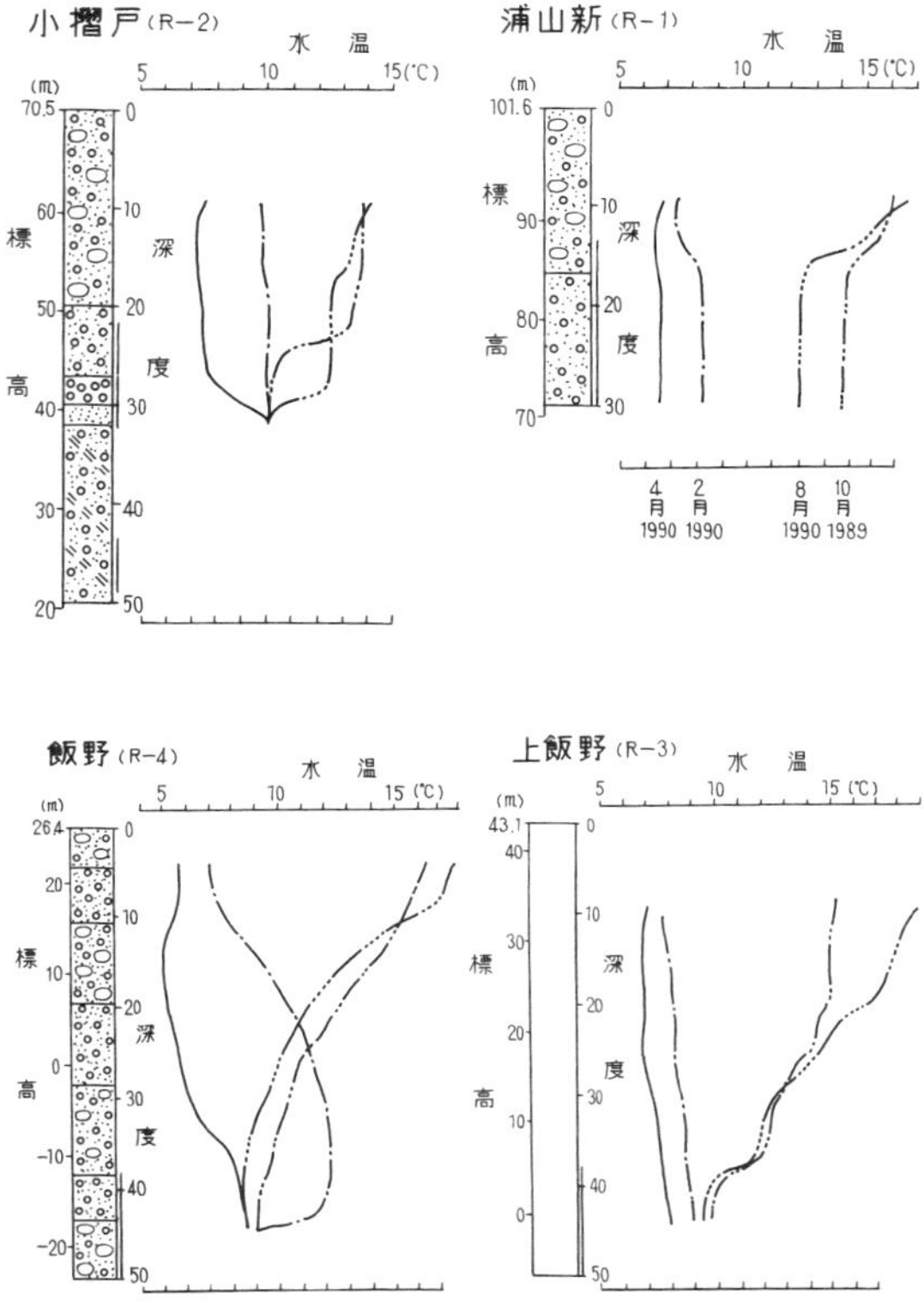


黒部川扇状地の地下水温変化

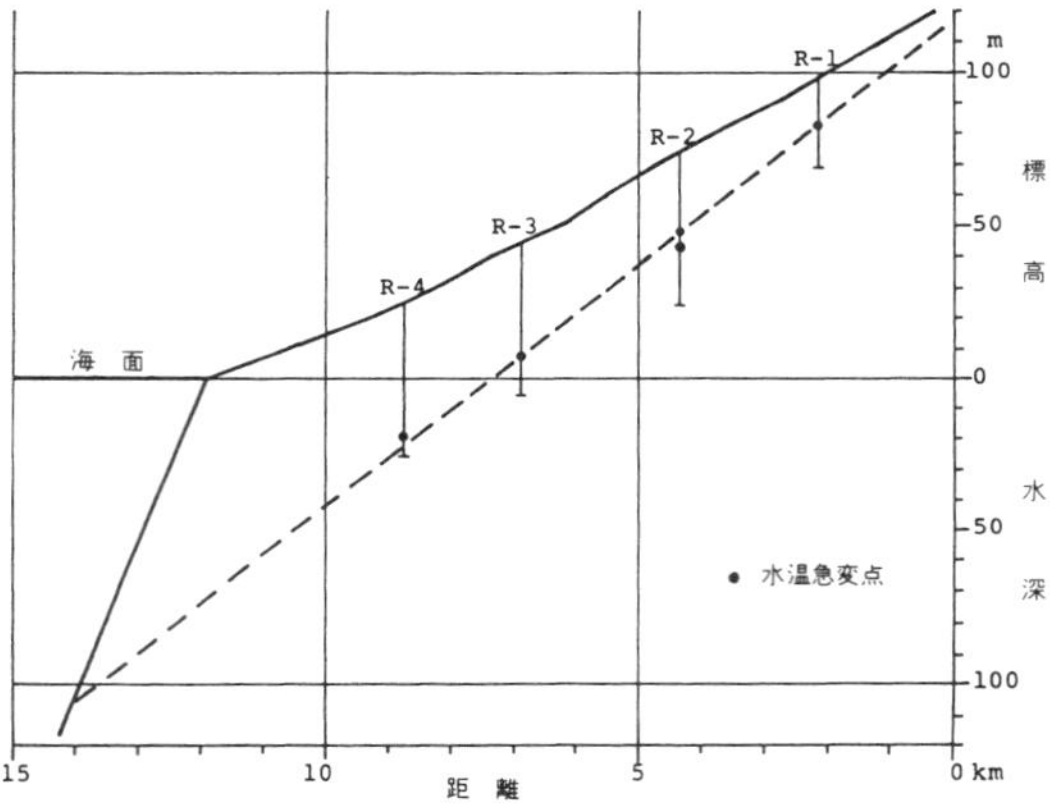


地下水温の不連続が示唆する埋没面

と、その地下水は冷たい地下水の上に浮かぶような状態で、透水性のいい浅層の帯水層中を水平方向へ移動する。そのため水温に階段状の急変点ができる。冷たくて重い水が浸透したときには、その地下水はより深い層まで混じり合うので、寒候季の水温急変点の深さと暖候季のそれとは、必ずしも一致しない。つまり暖候季の水温急変点を結ぶ直線は、透水性を著しく異にする地層の境界を示している。舟見野面の延長が現扇状地面の下に埋没していることはすでに述べたが、水温が探知したこの境界面もかつての地表面が埋没したものであろうと、私は考えている。

## 黒部川扇状地をつくる

黒部川扇状地を頭の中でつくる実験をしてみよう。コンピュータを使わないシミュレーションである。それにはまず「初期条件」と「境界条件」を決めなければならない。子供のころ私たちは、「その前は？」、「もっと前は？」、とたずねて親を困らせた。いま物理学者は「はじめにビッグバンがあったとさ」と語ってくれる。しかし、まだビッグバンを初期条件にできるほど、地球の進化史は明らかにはされてはいない。

第一章の最後で、野外調査とは神様の実験結果を勝手に盗んでくることだと述べた。黒部川扇状地で神様はどんな実験をなさったのだろうか。それを知るには、まず、この実験の境界条件になった海面変化についての知識が必要である。

次ページの上のグラフは海底堆積物を利用して「酸素同位体比温度計」で測定した過去九〇万年の気候変化、すなわち海面変化と、海成プランクトンと海岸段丘から復元した過去一五万年の中緯度の気温変化である。この「温度計」の計測原理や精度についての説明は、地下水とは直接関係がないので省略する。ただし同位体技術の進歩で、第四紀の気候変化はもとより、四六億年にわたる全地球史についても、かなり正確な情報が同位体分析で得られるようになったことは、ここで強調しておきたい。地

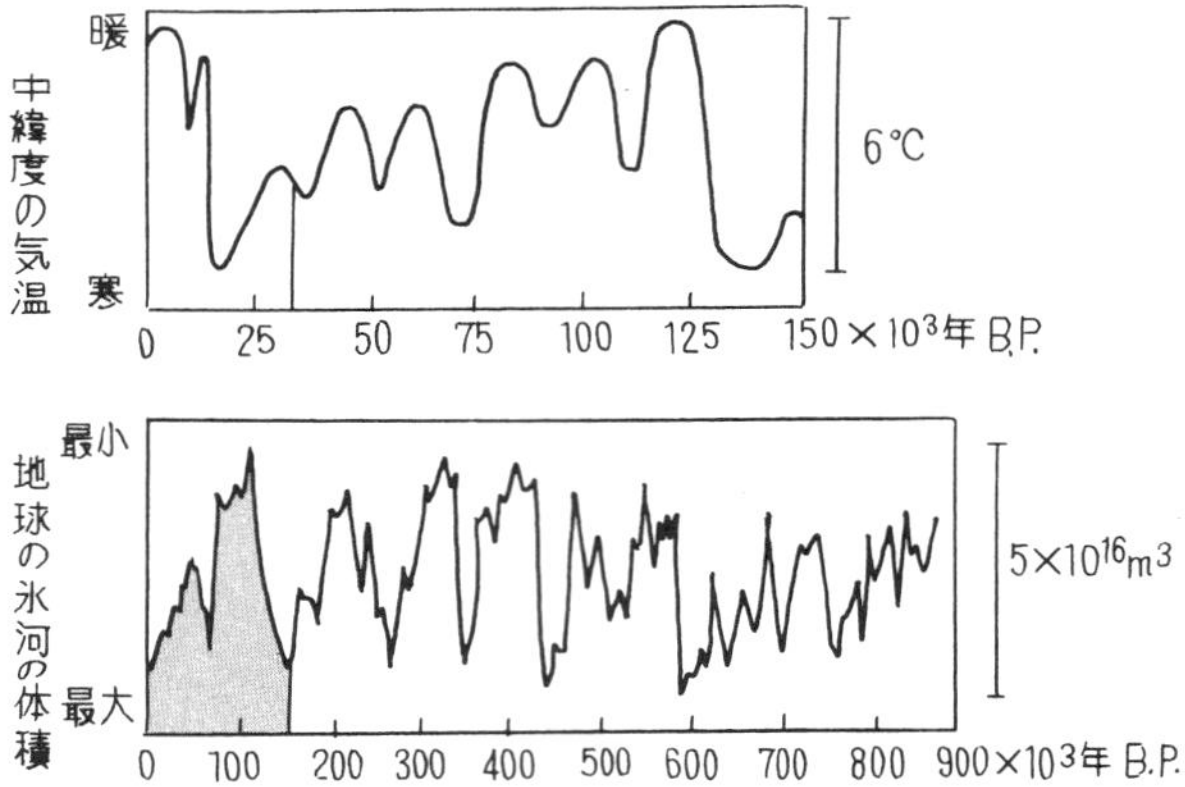


過去の気候変化

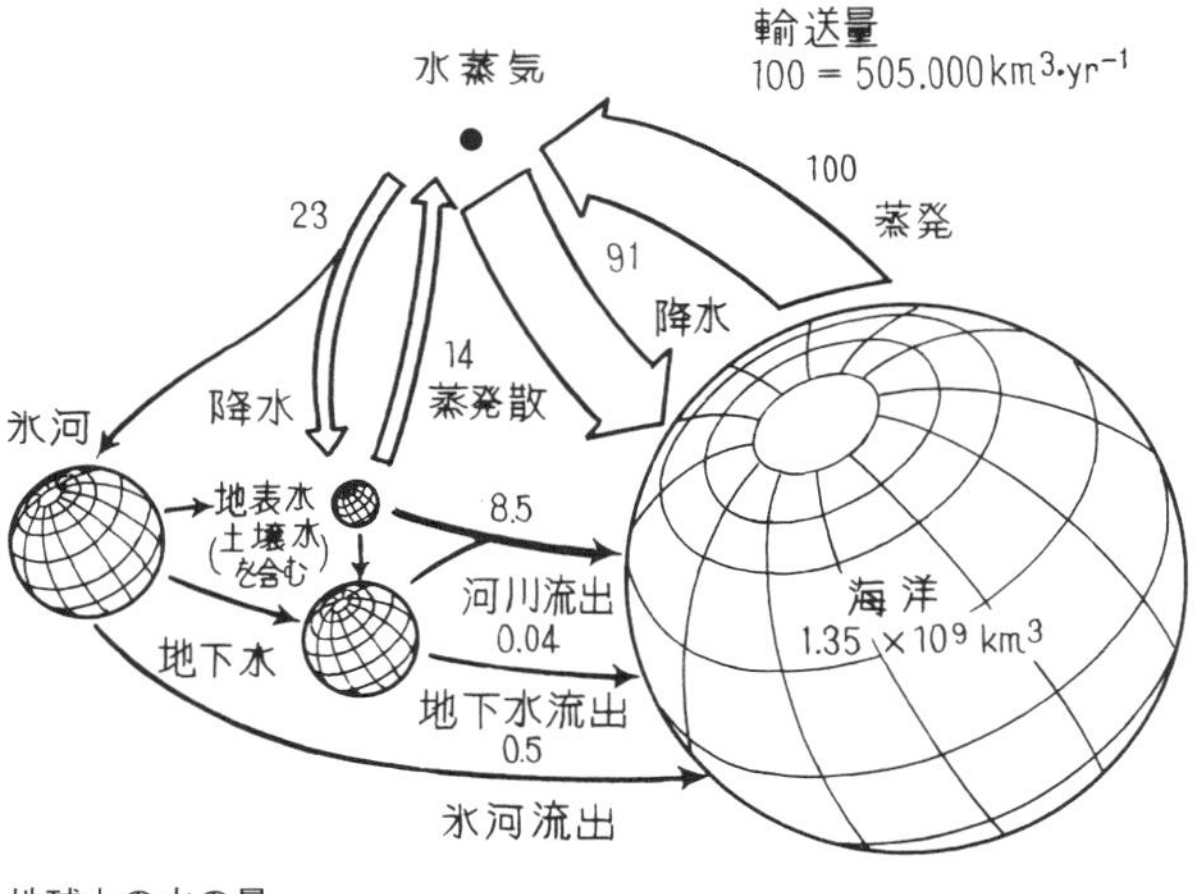


地球上の水の量

球研究の舞台を、地球物理学や地質学から「地球科学」へと大きく回転させた裏方は、同位体計測技術と同位体情報解析技術の開発を含む、広い意味での地球環境同位体技術の進歩であった。

地球の水循環は閉じた系であるから、地球上の気温が低下すると、氷河の体積が増え、海面が低下する。逆に地球が温暖化すれば、氷河が融けて海面は上昇する。地球上の水のバランスシートを調べてみると、大量の水のやりとりは海洋と大陸氷河のあいだでしか行えないことがわかる（前ページの下図参照）。約二万年前の最終氷期の最盛期には、世界の平均海面は現在よりも約一三〇メートルも低かった。近年騒がれている地球温暖化による海面上昇は一年に一ミリメートルのオーダーで、すでに一七センチメートル上昇した。その主原因は海水温の上昇による膨張である。しかし、過去二万年間に地球はその数十倍の速度の海面上昇をすでに経験している。

ここで、「シミュレーション」の初期条件を最終氷期の最盛期である約二万年前の地表面とし、境界条件として当時の海面は約一三〇メートル低かったと仮定する。最初に、地殻変動のない場合について考えてみる。まず初期条件としての「二万年前の黒部川扇状地」の地形面を決めなければならない。そこで、さらに「その先」を考えてみると、二万年前と比べて、前間氷期に当たる約一三万年前までは、気候は温暖で、海面も数メートル高かった。黒部川は大量の土砂を運んでくるから、二万年前より前のある時代に、「古扇状地」が存在したと仮定してもおかしくはないであろう。最終氷期最盛期に海面が低下したとき、黒部川はその「古扇状地面」を侵食し、谷を刻み込んだはずである。その時の地形面が「初期条件」になるが、たぶんその谷の谷底に形成された扇状地の幅は、現扇状地の扇頂角七〇度よりは狭く（せいぜい海底谷の分布する範囲を含む扇頂角四〇度程度の幅しかなく）、その両側には「古扇状地面」が段丘状に残っていたはずである。

このあと後氷期に海面は一気に一三〇メートル上昇する。「古扇状地面」が形成された当時の海面よりも現海面が高くなれば、当然、初期条件として考えた地形面はすべて後氷期の堆積物（沖積層）で埋められてしまい（沖積層の定義にも、一万年前までと二万年前までの二通りがある）、現扇状地が出現する。つまりこの場合には、現扇状地面の下に埋没谷（埋没扇状地）があり、その埋没谷には透水性の高い沖積層が詰まっている。水温急変点が明らかにした埋没面は、したがって、このようなプロセスで形成された谷底面（または扇状地面）である可能性が強いことになる。ただし、過去一五万年の海面変動を左右する気温は前述の図のように周期的に変化したので、この埋没面が形成された時期がいつであるかは、以上の資料だけからでは特定できない。

次に、地殻変動を認め、海側（海岸線）が沈降、山側（扇頂部）が隆起した場合を想定してみる。地殻変動速度は一ミリメートル／年と仮定する。この場合、二万年間で海岸では二〇メートル沈降することになるが、この間に海面は一三〇メートル上昇するので、二万年前の海岸線は海面下一五〇メートルの深さに沈むことになる。扇頂部の河床標高が変化しない（黒部川の下刻速度が山地の隆起速度に等しい）と仮定すると、条件次第では山寄りの扇状地面に「古扇状地面」が段丘状に残ることもありうる。

以上は、与えられた条件の下での頭の中での思考実験である。この思考実験のアルゴリズムをコンピュータ語で書き、コンピュータに計算をやらせても、結果は同じになる。もちろん仮定に用いた条件を変えれば、結果も変化する。

これから先は解釈になる。最も重要な問題は二万年前の氷期の河道の位置についてである。旧河道には透水性の高い砂礫層が詰まっているので、そこは地下水の集まる水みちになりやすく、その延長上に顕著な湧水（黒部川扇状地では杉沢）や海底湧水が現れやすい。海底谷の分布範囲、最大の海底谷、最大の杉沢、そしてそれらと扇頂との位置関係を総合判断すると、最終氷期最盛期の黒部川（の谷）は、扇頂を軸にして現河道を入善側へ二〇〜三〇度回転させた位置にあったと解釈される。

古水文解析によって、地質構造を以上のように解釈すると、揚水量は左岸側で圧倒的に多いにもかかわらず、黒部川河川水の地下水に及ぼす影響が右岸側でより広い範囲にまで及んでいる理由が理解できる。

また、地表地形（例えば一〇メートルの等高線）と海底地形（例えば一七五メートルの等深線）を比較して、いずれもが扇頂を中心とする同心円地形を示すのに、現在の河道付近の海岸部だけが同心円からずれて海側へ出っ張っているのは、近年における現在位置への河道固定が主原因であるらしいことも推察できる。

### 地下水の循環速度

地下水の循環速度は、年速何メートルと表すよりも、平均滞留時間で表したほうが便利である。いま体積Sの地下水を含む帯水層を考え（したがって間隙率をnとすると、帯水層の体積はS／nとなる）、その帯水層へ年間にIの地下水の涵養があるものとする。定常状態を仮定すれば、涵養量は流出量に等しくなり、地下水の平均滞留時間Tは次式で表される。

T＝S／I　（年）

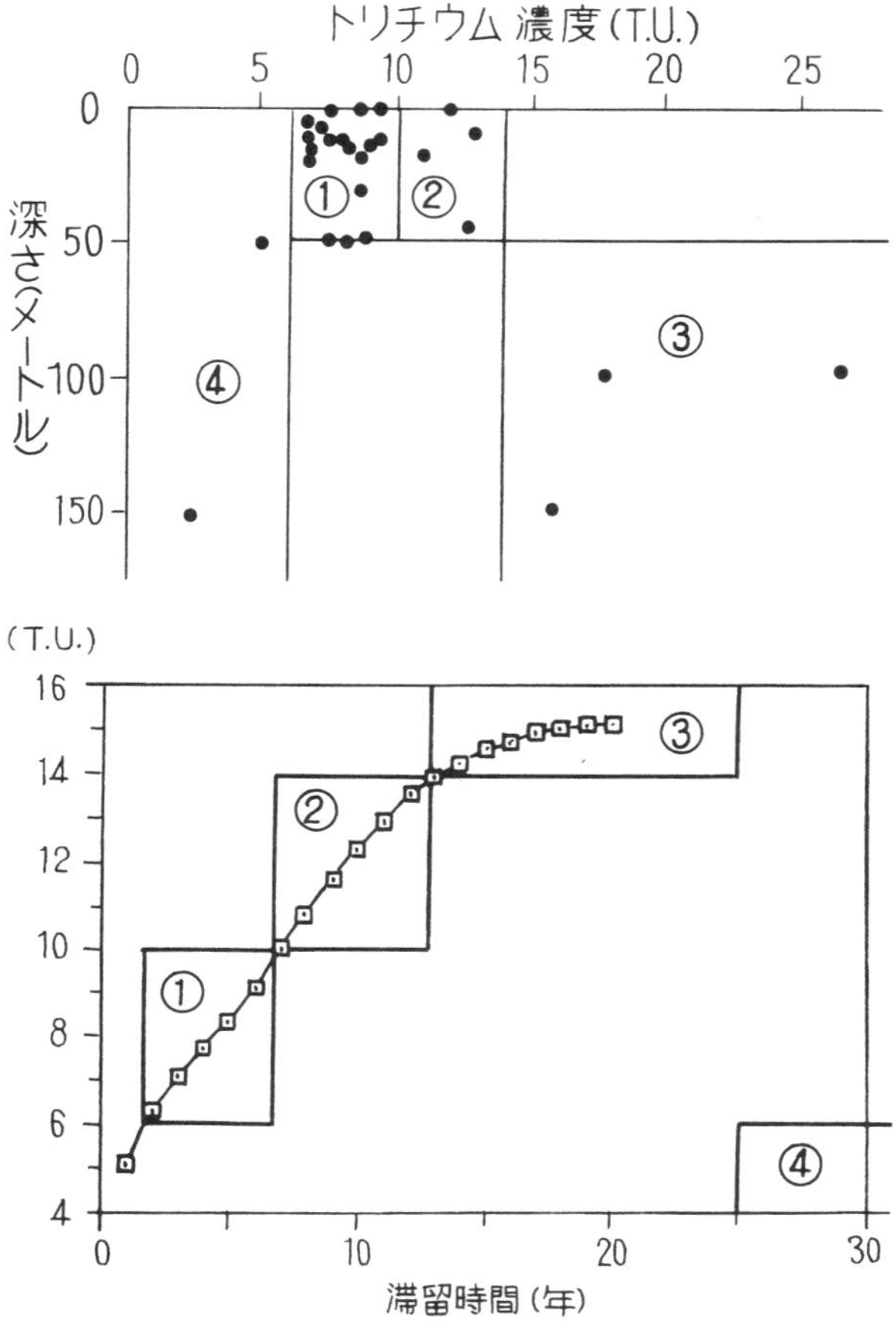


完全混合モデルによるトリチウム濃度と滞留時間の関係

Tの値は、水素の放射性同位体であるトリチウムを用いて決定できる。黒部川扇状地の滞留時間の調査は、筑波大学の嶋田純君と学生諸君が担当した。前ページの上の図が実測したトリチウム濃度と地下水採水深度との関係である。TUはトリチウム・ユニットの略で、水素原子一〇の一八乗個中にトリチウム原子が一個混じっているときを一TUと定義する。トリチウム濃度は液体シンチレーション・スペクトロメータという器械などで測定できる。

この図にプロットした点は、濃度と深度を参考にして、図に記入した実線によって四つのグループに分類でき、完全混合モデルによる解析の結果（モデルの詳細は省略）、その平均滞留時間は①、②、③、④の順に古くなることがわかった。前ページの下の図はその解析結果である。

つまりこの扇状地には大きく見ると、約五〇メートル以深の平均滞留時間一三年以上の古い水と、約五〇メートル以浅の一三年よりも新しい水がある。五〇メートル以浅の水は、さらに七年未満と七〜一三年の二つのグループに分けられ、それらの井戸の位置を調べてみると、七年未満の水は安定同位体比で明らかにした黒部川の影響範囲内に分布していた。五〇メートル以深の水も一三〜二五年と二五年以上の二つのグループに分けられるが、後者の井戸は河川の影響も、揚水の影響も受けない場所に位置していた。

平均滞留時間がわかると、先の式から、Iを仮定することによりSを、あるいはSを仮定することによりIが求まる。

### 埋没林が残っていたわけ

最終氷期最盛期に古黒部川扇状地に谷が刻み込まれ、その谷壁に樹木が繁茂していた状態をまず考えてみる。後氷期の温暖な気候になると、海面は毎年二〇～三〇ミリメートルの速度で上昇した。黒部川が運んでくる土砂で「谷」は次第に埋められ、樹木は土砂の中で立ち枯れた。そして現代の気候になったとき、河口から沿岸流で運ばれてきた砂で立ち枯れた樹木はすべて土砂に覆われてしまった（ダムが作られる前）。この状態では、海岸は平衡状態を保っており、前進も後退もしなかった。しかしダムの築造や河床での土砂採取で、河川から海岸への砂の供給が減少すると、海岸は侵食されはじめ、砂の下に埋まっていた「海底林」が姿を現した。

黒部川扇状地の海底林は最終氷期の谷と関係している。以上が私の仮説である。

# 第五章　武蔵野台地の地下水を探る

## 武蔵野夫人

大岡昇平の『武蔵野夫人』（新潮文庫）は、次のような書き出しで始まる、「はけ」の人々の古風な不倫模様を描いた心理小説である。

土地の人はなぜそこが「はけ」と呼ばれるかを知らない。「はけ」の荻野長作《おぎのちょうさく》といえば、この辺の農家に多い荻野姓の中でも、一段と古い家とされているが、人々は単にその長作の家のある高みが「はけ」なのだと思っている。

中央線国分寺駅と小金井駅の中間、線路から平坦な畠中の道を二丁南へ行くと、道は突然下りとなる。「野川」と呼ばれる一つの小川の流域がそこに開けているが、流れの細い割に斜面の高いのは（略）。

ここで作者は、「斜面の高い」地形学的な理由について解説を試みているが、その部分は飛ばすことにしよう。

樹の多いこの斜面でも一際《ひときわ》高く聳《そび》える欅《けやき》や樫《かし》の大木は古代武蔵原生林の名残りであるが、「はけ」の長作の家もそういう欅の一本を持っていて、遠くからでもすぐわかる。斜面の裾《すそ》を縫う道からその欅の横を石段で上る小さな高みが、一帯より少し出張っているところから、「はけ」とは「鼻《はな》」の訛《なまり》だとか、「端《はし》」の意味だとかいう人もあるが、どうやら「はけ」はすなわち、「峡《はけ》」にほかならず、長作の家よりはむしろ、その西から道に流れ出る水を　溯《さかのぼ》って斜面深く喰い込んだ、一つの窪地《くぼち》を指《さ》すものらしい。

水は窪地の奥が次第に高まり、低い崖《がけ》となって尽きるところから湧《わ》いている。武蔵野の表面を蔽《おお》う壚坶《ローム》、つまり赤土の層に接した砂礫層《されきそう》が露出し、きれいな地下水が這《は》い出るように湧き、すぐせせらぎを立てる流れとなって落ちて行く。長作の家では流れが下の道を横切るところに小さな溜りを作り、畠の物を洗ったりなぞする。

この小説は敗戦直後の混乱期を時代背景にしている。しかし、当時ですら作者に次のように書かせるほど、「はけ」に対する世間の関心は薄れていた。

斜面一帯はこの豊かな湧き水のために、常に人に住まわれていた。長作の先祖が初めここに住みついたのも、明らかにこの水のためであって、「はけの荻野」と呼ばれたのもそのためであろうが、今は鑿井《さくせい》技術が発達して到るところ井戸があり、湧水の必要は薄れたから、現在長作の家が建っている日当りのいい高みが「はけ」だと人は思っているわけである。

一九八九年の五月下旬、筑波大学の学生を連れて野川《のがわ》一帯の巡検をした。この巡検で武蔵小金井《むさしこがねい》駅に近い民家の解放井戸に、さびた手押しポンプが残っているのを見つけてなつかしかった。その家の人は「昭和三〇（一九五五）年ころまで使っていた」というから、当時の地下水面は地面から六〜七メートル下にはあったはずである。私たちが測ってみると、この井戸の地下水面は一三メートルまで低下していた。

「はけ」は武蔵野台地と立川段丘との境を東西に走る国分寺崖線の湧水地を指す。武蔵野台地で浸透した降水が、地下水となって湧き出すところが「はけ」である。武蔵野台地の地下水面が高いほど、「はけ」の湧水の量は多い。武蔵野夫人が年下のいとことの不倫の感情に苦しんでいたころ、「はけ」の水はまだ豊富だった。

長作の家の西隣の「はけ」を含む「窪地一帯の約千坪の地所は、ほとんどただのような値段で東京の官吏宮地信三郎」に、長作の先代が譲渡したものである。この小説の主役は、信三郎の末娘の道子と、復員してきた勉の二人である。この二人に、道子の夫、年上のいとことその妻がからまり、小説は道子の自殺で終わる。「はけ」は、揺れ動く人の心の定めなさを語るための、変わることのない舞台に選ばれたと、私には思える。

宮地信三郎は好事家で、「書架には武蔵野に関する歴史や地理の本が揃っていた。戦争に行ってから地形に注意するようになっていた勉は、そういう本は片はしから読み、国分寺の原形や武蔵野台地の成因について詳しくなった」。そして勉は「道子をよく散歩に誘い出し、附近の地形や寺社の由来について語った」。信三郎と勉の行動には、この小説の作者の戦中戦後の体験が重なっている。

私は、現在の地下水について語るために、地下水循環の場である地形・地質の成因を、過去の水流の作用に注目して考える学問分野を「古水文学」と呼び、少しずつ仕事を積み重ねてきた。第四章で述べた黒部川扇状地の水文地質構造の解析はその一例である。また越後平野では、古地図の復元を通してこの平野の発達史を考えた。この種の仕事は、多方面の知識を要求するので、若者よりは経験を積んだ人間に向いている。古水文学は、過去の水循環の科学であると同時に、過去に水流が行った仕事を復元する科学であり、身の回りの自然環境の成り立ちの基本を考える科学である。日本列島は水循環が活発で、水は偉大な仕事師であった。わが国は古水文学の研究に最も適したフィールドだと、私は思っている。

『武蔵野夫人』の作者も、地下水を語るには地形の成因についての知識が欠かせないことをよく知っていた。たぶん小説家の名文は、水文学者の論文よりも強い影響力を持っている。『武蔵野夫人』の舞台は、現代でも、土地の人々から「はけの道」と親しみを込めて呼ばれ、守られている。

**まいまいず井戸**

東京都西多摩郡羽村《はむら》町（現・羽村市）の羽村駅前にある東京都指定史跡の「まいまいず井戸」は、かつて武蔵三井戸の一つと言われ、『五ノ神熊野神社まいまいず井戸由来記』は、むかし大同年間構成との伝説あり、と伝えている。大同という元号は、寺社開基縁起に慣用的に用いられているので、これをもって一二〇〇年前の完成とすることはできないが、古くからあったことは確かであろう。

由来記によると、祖先は多摩川のほとりに住んでいたが、大洪水にあい、台地の上に移動した。飲み水を多摩川から運んでいたが、不便で井戸を掘った。技術のない時代で完成までに三年もかかった。すり鉢形の大井戸で、その内側に螺旋《らせん》状の道をつけ、井戸の底まで下りて水を汲んだ。井戸は形がカタツムリ（まいまい）の殻に似ていることから、まいまいず井戸と呼ばれるようになった。

吉村信吉著『地下水』（一九四二年、河出書房）によると、井戸の口は長辺一六・五メートルと短辺一四・三メートルの矩形《くけい》で、すり鉢の斜面は三〇度、地表から四メートル下に七メートル四方の底面がある。底面まで螺旋形の小径で下りられる。底面の中央に深さ八・三メートルの、玉砂利で囲まれた釣瓶井戸があり、全体の深さは一二・三メートルである。

まいまいず井戸は固有名詞ではなく、往時の武蔵野にはこれと同じ構造の井戸がいくつもあった。狭山市北入曽《きたいりそ》の「七曲井《ななまがりのい》」もその一つで、この井戸は周囲七十余メートル、直径一九～二六メートルで、地表から約一〇メートルのところに井桁がある。平安時代中期に交通と開拓の便のため武蔵国府により掘られたものではないかと推定されている。

同じ武蔵野台地に「掘兼ノ井」がある。掘兼《ほりがね》は掘難に通じる。掘っても掘っても水が出なくて困った感じがよく出ている言葉である。『千載和歌集《せんざいわかしゅう》』に、

まいまいず井戸（写真提供・羽村市役所）

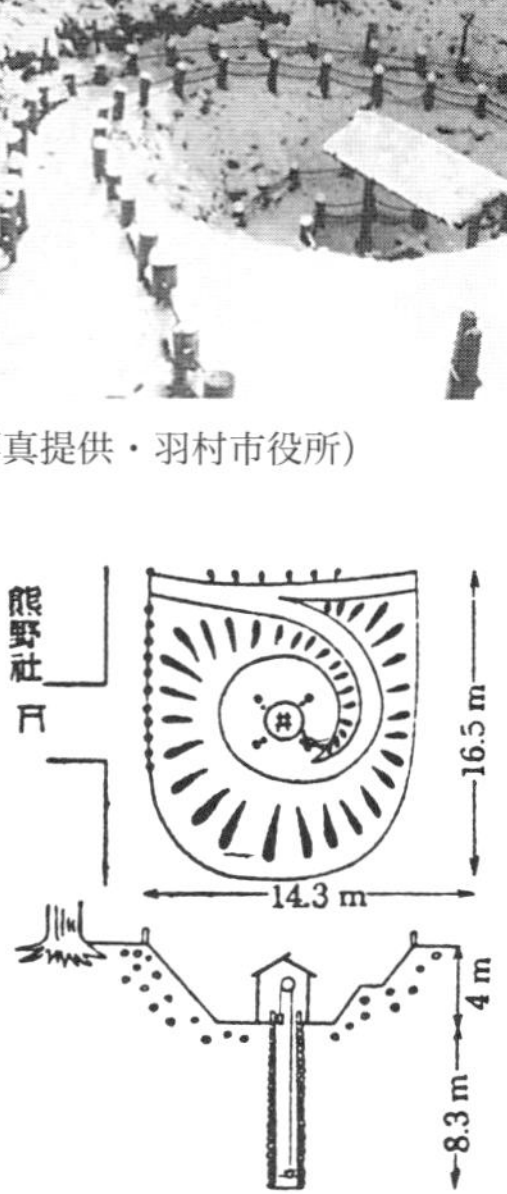


まいまいず井戸の平面図と断面図（吉村信吉『地下水』）

むさし野の掘兼の井もあるものを　嬉しく水の近づきにける

とある。しかし前述の吉村信吉先生の本によると、この歌枕の井も足利時代の終わりにはすでに明らかではなく、当時武蔵野を遍歴した道興准后《どうこうじゅごう》は『廻国雑記《かいこくざつき》』に、

昔たれ心づくしの名をとめて　水なき野辺を掘兼の井ぞ

と記しているから、廃井となってしまったようである。江戸時代の好事家は苦心してその跡を探したが、どれが古来有名な井戸であったか明らかではなかった。埼玉県入《いる》間《ま》郡掘兼村（現・狭山市）の掘兼神社に県指定文化財の「掘兼の井」があるが、その案内板の説明文にも、この井戸が古くから言われている「掘兼の井」かどうかはわかりません、と記されている。

一九九一年五月下旬、ふたたび筑波大学の学生を連れて、こんどは武蔵野台地の埼玉県側を中心に巡検を行った。このときの調査によると、この付近の浅井戸の深さは約一九メートルであった。

## 五〇メートル等高線上の湧水

私は地理学教室の出身で、学部学生のとき「読図」という授業を受けた。この授業では、五万分の一地形図の読み方を習った。地図上にはさまざまな情報が記号化されて、解説なしに雑多に記述されている。その地図に、線を引いたり、色を塗ったりして、そこから特定情報を引き出す作業が読図である。地図から引き出すことのできる情報は、地形・地質・気候・水文・土地利用・歴史地理など多様で、しかもその質は高い。その国の基本となる地形図は、国力の表れであり、文化の結晶でもある。

ただし地図は、現実世界を記号化したものではあるが、現実世界そのものではない。記号化する段階で、すでに記号化すべき情報の選択が行われている。その選択は、特定の目的を持たない地図では、必然的に、程度の差はあるが恣意的なものにならざるをえない。読図とは、この恣意的に集められた情報の中から、自分にとって必要な情報だけを選び出して仮説をつくる作業である、といってもいい。地図と仮説との関係は、グレゴリー・ベイトソンのいう記述と説明との関係と同じである（G・ベイトソン『精神と自然』、一九八二年、思索社）。いい仮説をつくるには、情報の集積と、情報の純化と、ひらめきと、そしてなによりも勇気が必要である。巡検とは、その仮説を検証する作業の一つであるともいえよう。

国土地理院発行の五万分の一地形図『東京西北部』図幅を買ってきて、五〇メートルの等高線を色鉛筆でなぞってみると、面白いことがわかる。井《い》の頭池《かしらいけ》、善福寺池《ぜんぷくじいけ》、富士見池《ふじみいけ》がすべて、この等高線のすぐ下に並ぶ。黒目川《くろめがわ》の支流の谷頭《こくとう》にも、この標高付近に湧水がある。三宝寺池《さんぽうじいけ》だけ少し低い位置にあるが、標高差は五メートルくらいである。

『武蔵野夫人』の舞台になった国分寺崖線沿いにも多くの湧水があるが、その中で湧水量の多い、四つの湧き口を持つ深大寺湧水群も標高は同じレベルにある。湧水が同じ標高で湧き出すのには、それなりの理由があるはずである。

なおこの深大寺の湧水は、崖の下部に露出する厚さ五メートル弱の武蔵野礫層《れきそう》中から湧き出している。この礫層の上には厚さ約九メートルの関東ロームが載っている。谷底の標高は四三〜四四メートルで、一九八九年九月に調べたときの地下水面標高は約四五メートルであった。地下水面は礫層中にあり、地下水はこんこんと湧き出していた。翌一九九〇年は雨の少なかった年で、九月の地下水面は前年より一メートル近くも低下して、礫層の下面スレスレまで下がり、湧水は涸れた。湧水が涸れると大騒ぎになるが、私たちはこのように自然の変動と微妙なバランスを保ちながら暮らしているのである。

## 七〇メートル等高線上の谷頭

五万分の一地形図『青梅《おうめ》』図幅を買い増し、『東京西北部』と貼り合わせて、こんどは七〇メートルの等高線に色をつけてみると、この等高線も湧水と関係の深いことがわかる。野川の源流は、中央線国分寺駅の西北、日立製作所中央研究所の敷地内にある「恋ヶ窪《こいくぼ》」の谷頭と、環境庁選定「昭和の名水百選」の一つである「お鷹《たか》の道・真姿の池《ますがたのいけ》湧水群」の二つであるが、いずれの湧水も七〇メートルの等高線の少し下から湧いている。

野川《のがわ》の支流で、野川とほぼ平行して流れている仙川《せんかわ》の谷頭も、小金井市貫井北町《ぬくいきたまち》にある東京学芸大学北東の同じ標高付近にある。また富士見池と三宝寺池を流域内に持つ石神井川《しやくじいがわ》の源流も同じ標高付近に位置する。名門といわれる「小金井カントリー倶楽部ゴルフ場」は、平坦であるはずの武蔵野台地に、この石神井川が刻み込んだ谷頭部の起伏を利用してつくられている。黒目川本流の源流もこの標高付近に発している。さらにまた、一見したところ関係がないように見える矢川緑地《やがわりよくち》と谷保天神《やぼてんじん》の湧水も、七〇メートルの等高線付近から湧きだしている。

## 武蔵野台地の地形

狭山丘陵も含めた広い意味での武蔵野は、いくつかの地形面からなり、それらの地形面は形成年代の古い順に、多摩面（T面）、下末吉《しもすえよし》面（S面）、武蔵野面（M面）、立川面（Tc面）、沖積面（A面）に分類されている。これらの面には、古い面ほどロームが厚く堆積しており、ローム層のおおよその厚さは、同じ順で、二〇メートル以上、一〇～一五メートル、五～一〇メートル、一～五メートル、〇～一メートルである。沖積面以外は、いずれもかつての扇状地面が段丘化したものであるから、ローム層の下にはそれぞれの面をつくった扇状地礫層《れきそう》がある。狭山丘陵は多摩面に相当し、この面をつくった扇状地礫層が芋窪《いもくぼ》礫層である。この礫層は風化が進んでおり「くされ礫」とも呼ばれる。金子台と所沢台は下末吉面に相当する。その扇状地礫層をここでは下末吉礫層と呼ぶことにする。武蔵野面には武蔵野礫層、立川面には立川礫層がそれぞれある。なお武蔵野面と立川面はさらにいくつかの面に分けられている。詳しくは貝塚爽平（東京都立大学名誉教授）著『東京の自然史』（二〇一一年、講談社学術文庫）を参照されたい。

地形面・礫層・関東ローム層の層序関係と形成年代は、一八六ページの表と図のよ

わかくさ
学園(水源井)
荒川
新河岸川
野寺の釜
三宝寺池
善福寺池
富士見池
妙正寺池
東大植物園
六義園
三四郎池
不忍池
荒川
隅田川
黒目川
白子川
石神井川
神田川
内堀
外堀
迎賓館
新宿御苑
明治神宮
渋谷川
目黒川
洗足池
東京湾
多摩川
呑川
公園
みつ池
次大夫堀
等々力渓谷

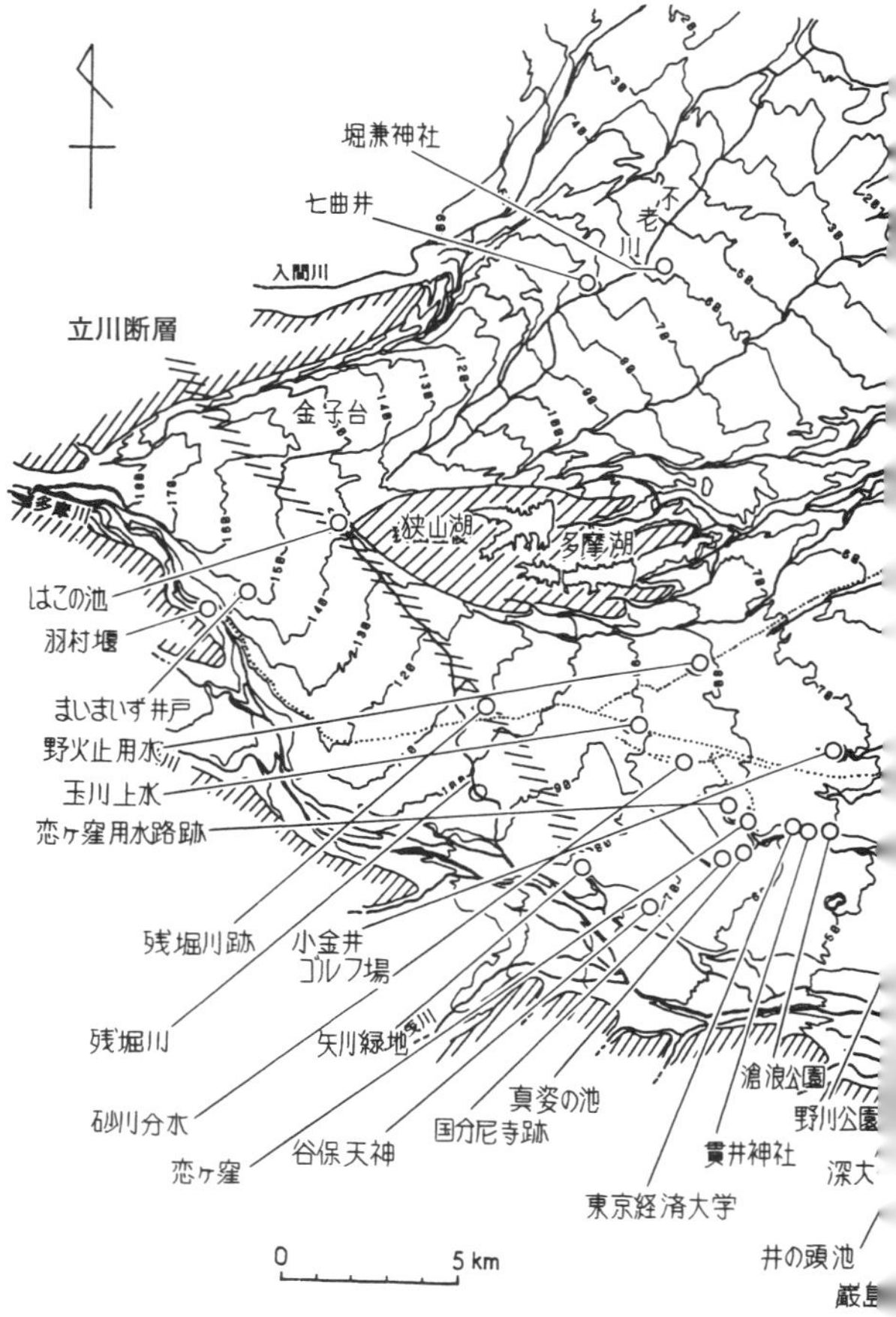

堀兼神社
七曲井
不老川
入間川
立川断層
金子台
狭山湖
多摩湖
多摩川
はこの池
羽村堰
まいまいず井戸
野火止用水
玉川上水
恋ヶ窪用水路跡
残堀川跡
小金井ゴルフ場
残堀川
矢川緑地
砂川分水
恋ヶ窪
谷保天神
国分尼寺跡
真姿の池
東京経済大学
貫井神社
滄浪公園
野川公園
深大
井の頭池
厳島
0　5 km

武蔵野の著名な湧水と水場

うに整理することができよう。ロームは扇状地面が形成されてから降ったものであるから、例えば武蔵野ローム層の平均年齢は武蔵野礫層のそれよりも若い。関東ローム層についてもすでに多くの研究が行われており、町田洋（東京都立大学教授）著『火山灰は語る』（一九七七年、蒼樹書房）に良くまとめられている。

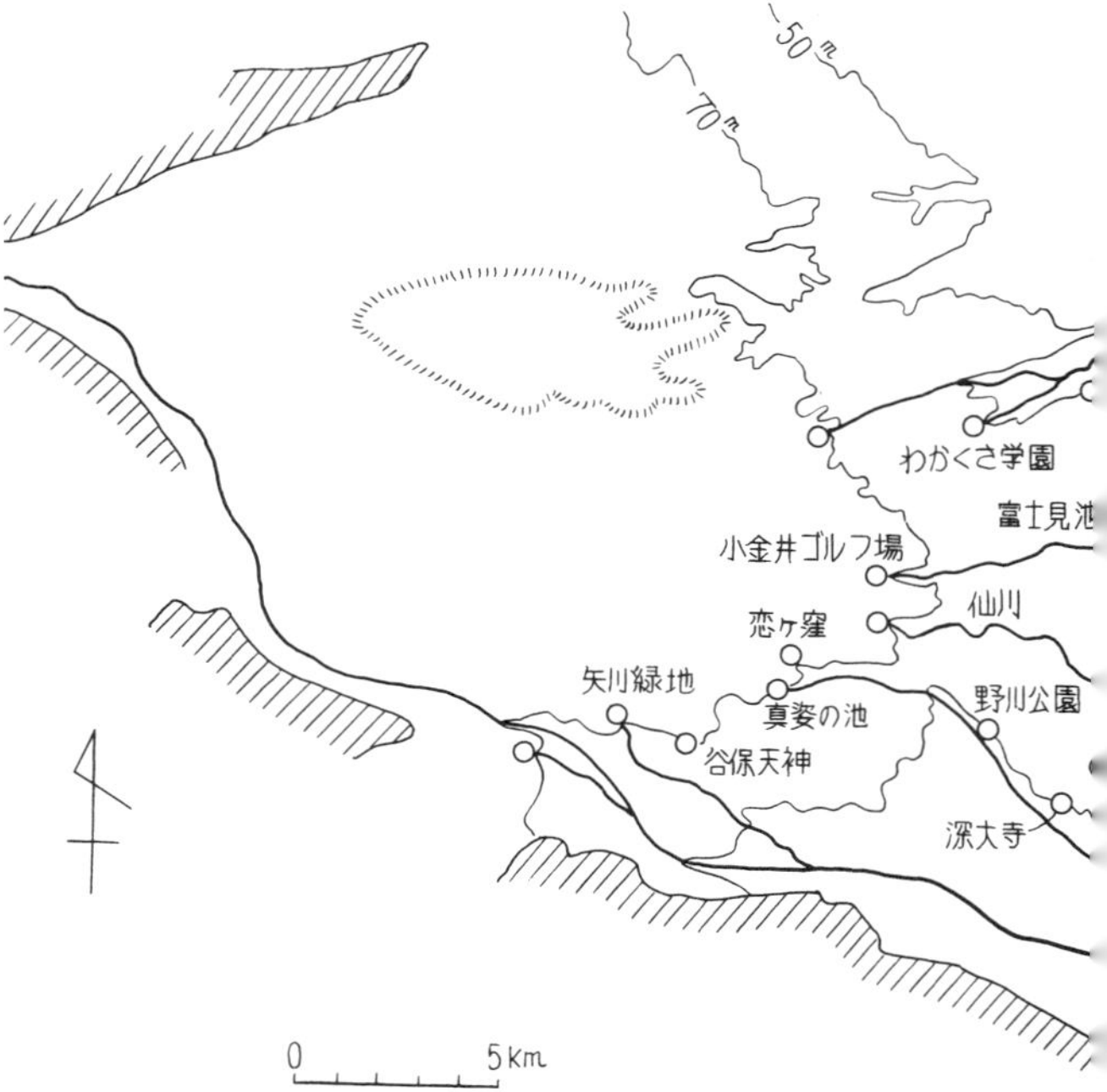


50m，70m等高線上の主な谷頭

## 武蔵野台地の古水文

武蔵野台地を構成する複数の段丘面は、古多摩川がつくった古扇状地面である。これらの段丘面は、武蔵野台地が過去十数万年にわたって隆起を続けてきたことによって形成された。これらの扇状地の扇頂は、現在の標高約一九〇メートルの青梅付近にあった。ここを扇の要《かなめ》として、古多摩川は河道を左右に振りながらいくつもの古多摩

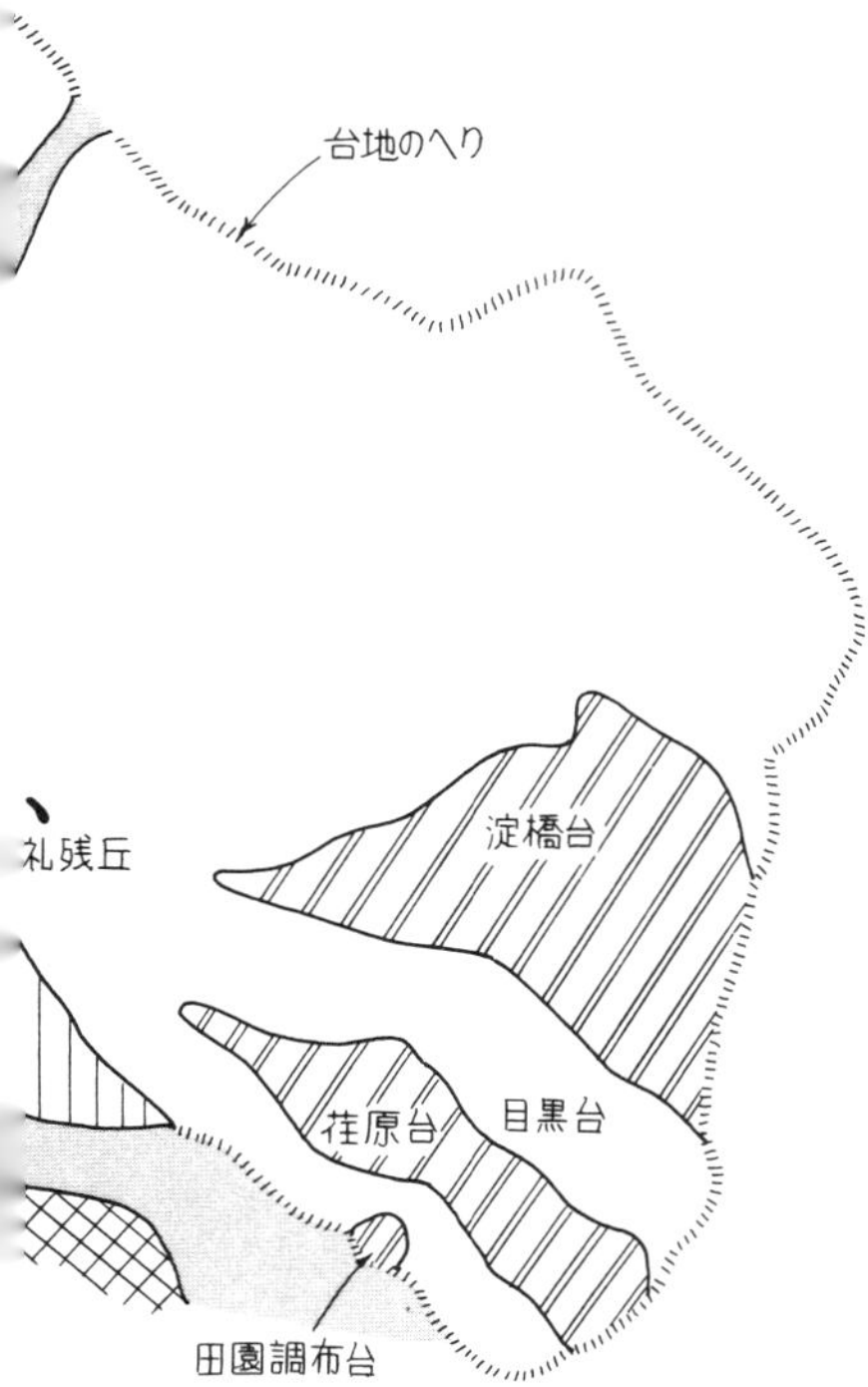

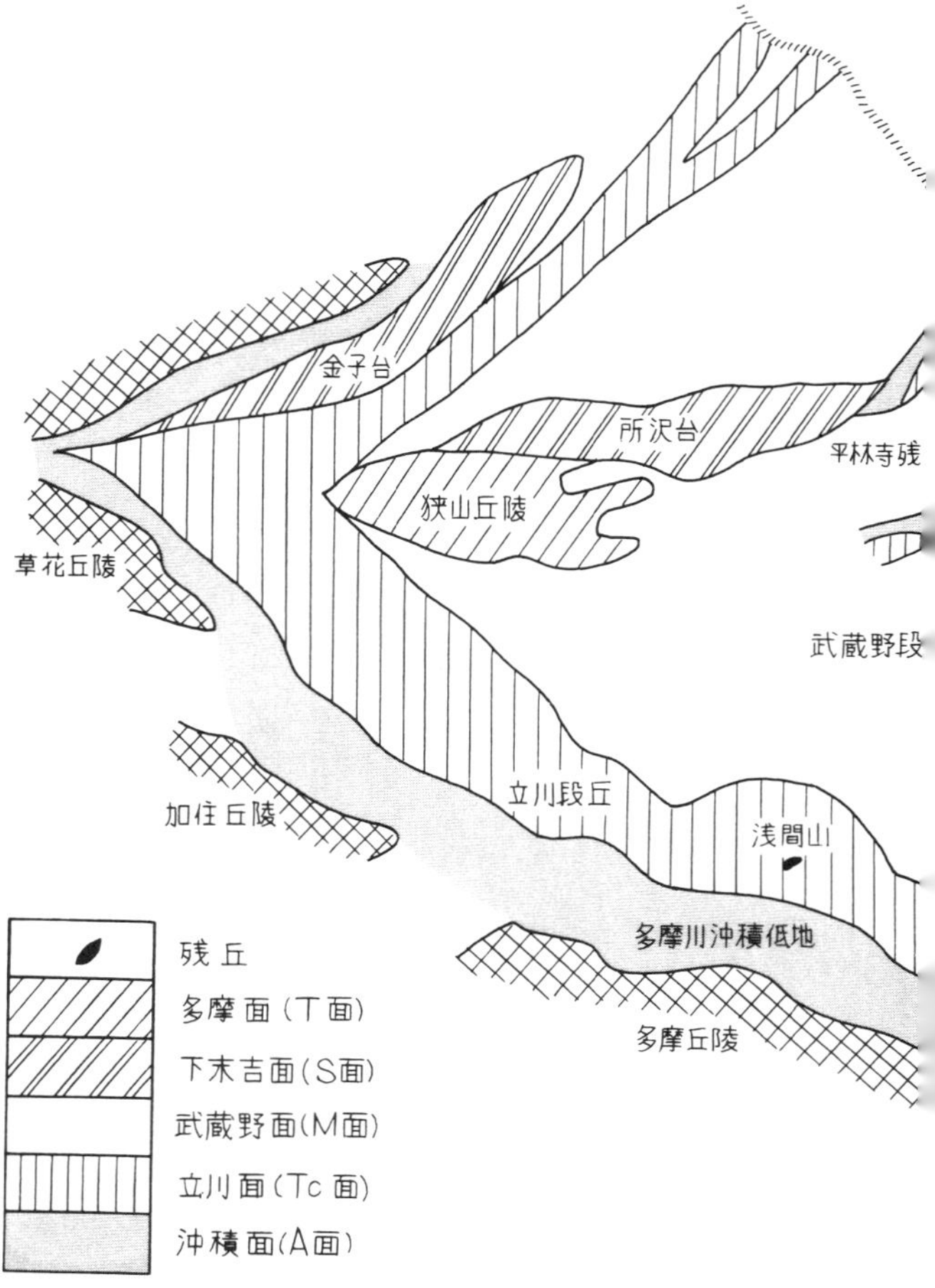
金子台
所沢台
平林寺残
狭山丘陵
草花丘陵
武蔵野段
立川段丘
加住丘陵
浅間山
多摩川沖積低地
多摩丘陵
残丘
多摩面（T面）
下末吉面（S面）
武蔵野面（M面）
立川面（Tc 面）
沖積面（A面）

武蔵野台地の地形面図

| ローム層 | 降下年代 | 武蔵野台地での層厚 |
|---|---|---|
| 多摩ローム層 | 12.5万年より前 | ＞20m |
| 下末吉ローム層 | 12.5万～6万年前 | 5～7m |
| 武蔵野ローム層 | 6万～3万年前 | 約3m ／ 5～9m |
| 立川ローム層 | 3万～1万年前 | |

テフラの降下年代と武蔵野台地におけるローム層の層厚

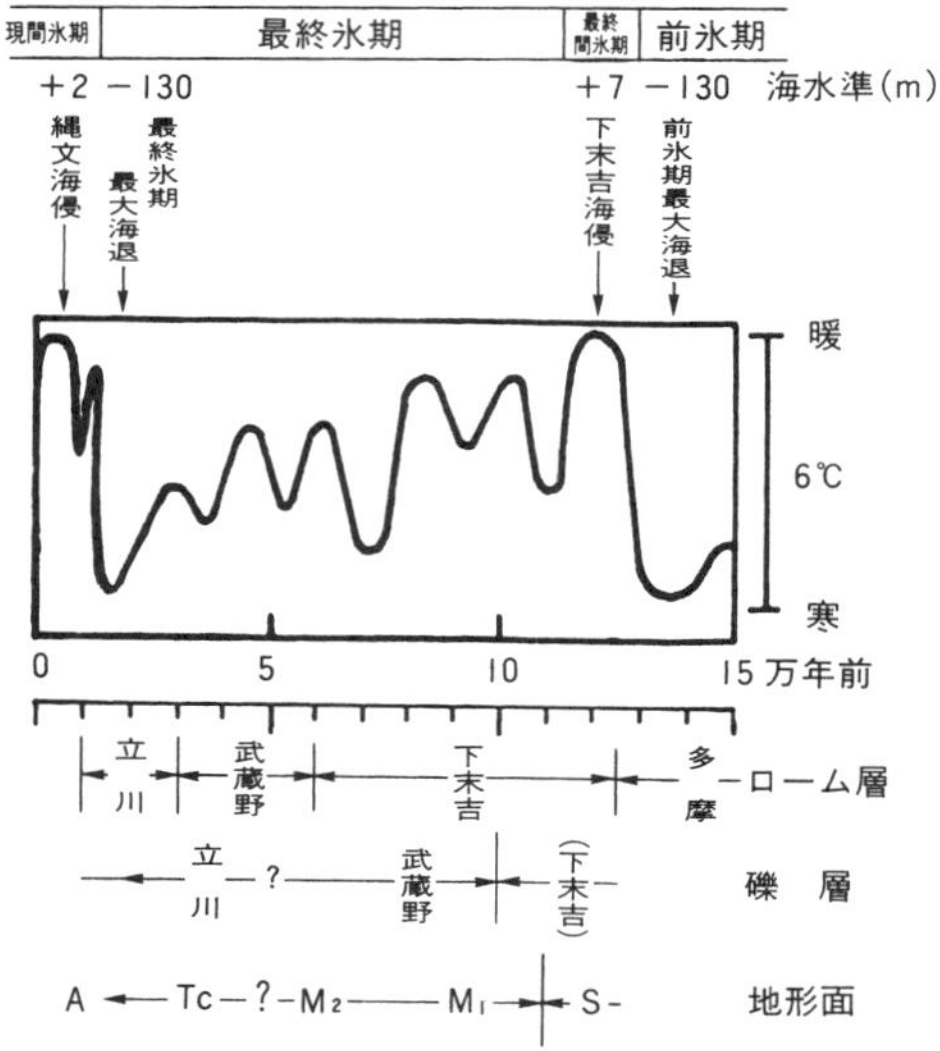


段丘礫層とローム層との関係

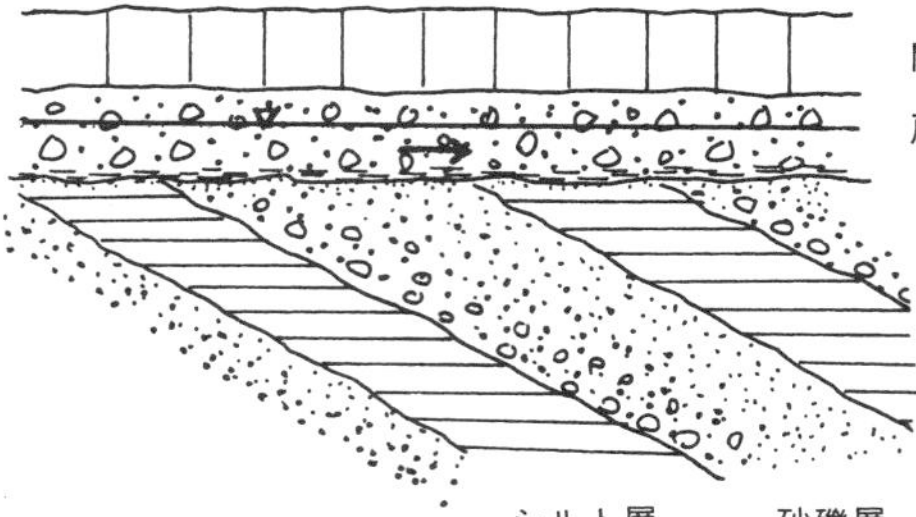


扇状地礫層と東京層群との層序関係

川扇状地、すなわち現在私たちが見る武蔵野台地をつくりあげた。

扇状地をつくる砂礫層は、川によって運ばれてくる。武蔵野台地では、基盤が隆起を続けていたので、古多摩川はその隆起してくる基盤を削りながら、砂礫を下流方向へ運搬した。いま私たちが見ることのできる段丘礫層は、静止した堆積物であるが、かつては基盤を削る動く「かんなの刃」であった。

このかんなの刃が、それ以前の扇状地砂礫層をすべて削り取ってしまったとすれば、現在見ることのできる扇状地面からは、それ以前の扇状地の証拠はすべて消しさられてしまい、かんなの刃であった礫層以外には何も残っていないはずである。幸いなことに武蔵野台地には、四つの「残丘《ざんきゆう》」が削り残されていて、過去を語ってくれる。狭山丘陵（狭山残丘）、井の頭池のすぐ南の牟礼《むれ》残丘、新座《にいざ》市の平林寺《へいりんじ》残丘、府中《ふちゅう》市の浅間山《せんげんやま》がそれである。これらが残丘であることは、その平面形が船形か、または丸みを帯びており、水の流れと調和的であることからも想像がつく。

四つの残丘のうち浅間山は立川面にあるが、それ以外は武蔵野面上に突出している。つまり浅間山以外の三つの残丘を削り残した「かんなの刃」は武蔵野礫層（狭山丘陵ではより古い礫層も）であった。武蔵野礫層が削った「基盤」は、東京層群とその上に載っていた下末吉礫層である。下末吉礫層はすべてが削り取られたわけではなく、その削り残しが金子台と所沢台である。

東京層群は平地または浅海底にたまった砂と泥の互層である。扇状地礫層と東京層群との関係は前ページの図のように模式化できる。東京層群の上には透水性の極めていい扇状地礫層が薄く、広く分布している。この構造が、あとで述べるように、五〇メートルと七〇メートルの等高線上に並ぶ湧水の成因を考えるときに重要になる。

狭山丘陵については、なぜこの丘陵が削り残されたかがまず問題になる。狭山丘陵の多摩面は、武蔵野面に対して西部で六〇メートル、東部でも三〇メートルの比高を持つ。しかしローム層を全部剝ぎ取ってしまえば、芋窪礫層上面と武蔵野礫層上面との比高は見かけほど大きくはないはずである。なんらかのきっかけで芋窪礫層が削り残されれば、あとはその上にロームが降り積もって、狭山丘陵はひとりでに成長するように運命づけられていた。

この最初のきっかけをつくったのは、立川断層のずれだったのではないかと、私は考えている。この活断層の存在は、一九七五年に松田博幸・羽田野誠一両氏により最初に指摘されたが、これに対する否定的な意見も強かった。しかしその後、東京都土木技術研究所が行ったボーリング調査で確認され、『日本の活断層』(活断層研究会編、一九八〇年、東京大学出版会)にも載っている(『[新編]日本の活断層』一九九一年も参照)。前述の一九九一年の学群巡検(筑波大学には学部がなく第一学群自然学類の学生の一部が地球科学を専攻する)のとき、この断層運動でできた金子台の「逆傾斜」を見に行った。付近一帯は住宅地になっていたが、一九七八年の山崎晴雄氏の論文には、「この断層から発生した顕著な地震は歴史時代には知られていない」とあるから、それほど心配することもなさそうである。しかし、二〇一二年にイタリアでは、二〇〇九年のラクイラの地震の際に「安全宣言」を出した科学者たちに禁固刑が下り、学界でも大問題になっている。軽々には予言はできない。

かつての扇状地面である金子台は、東へ向かってゆるやかに傾斜しているが、立川断層が走っている部分には、北東側の隆起で比高一〇メートル以上の逆傾斜ができている。この立川断層が、地下水の流れを妨げていることについては第六章で、また現時点で都内最大の湧水量を持つと思われる矢川緑地湧水群の成因となっていることについてはこの章で、それぞれ後述する。

次に狭山丘陵に「土台」があるかどうか、つまり丘陵のすぐ下に「第三紀層の基盤」があるかどうかが問題になる。これについては現在のところ意見が分かれている。詳述する紙幅はないが、私の集めた情報では土台はないようである。第三紀層は透水性が悪いので、この層があるかないかは、狭山丘陵からの地下水の「漏れ」を考えるときの重要な条件になる。

**湧水がそこにあるわけ**

まず五〇メートルと七〇メートルの等高線上の、「谷頭にある湧水」の成因について考えてみよう。東京層群・扇状地礫層・関東ローム層の層序関係は、模型としては、土を締め固めた傾斜した斜面・その上に載せた薄い礫層・最上部の赤土にアナロジーできる。関東ローム層はスポンジ構造の保水力の大きい土で、その全体積の六〇～七〇パーセントは水で占められている。礫層を厚い濡れたスポンジが覆っていると思えばいい。雨が降ると、スポンジに含まれていた水がその下の礫層中へ押し出される。私たちが清瀬市郊外の畑で、トリチウムをトレーサーにして追跡した結果では、厚さ約六メートルの関東ローム層中を降下浸透して、その下の礫層中へ押し出されるまでに平均約五年かかっている。扇状地礫層の透水性は東京層群のそれの一〇〜一〇〇倍もある。武蔵野面の礫層の厚さは一〇メートルくらいである。同じ動水勾配なら、厚さ一〇メートルの扇状地礫層は、厚さ一〇〇〜一〇〇〇メートルの東京層群と同じ量の地下水を地層に沿って流すことができる。この条件では、地表面から涵養された地下水の大部分は礫層中を流れる。

いま礫層中に地下水面があり、地下水はゆっくりと礫層中を基盤の傾斜の方向へ流れていると仮定する。気候・水文条件から考えると、関東ローム層から礫層中へは一日平均二〜三ミリメートルの地下水涵養がある。したがって礫層中を流下する地下水の量は、下流へ行くほど多くなり、ついには礫層中からあふれ出し、湧水となる。

ロームすなわち火山灰が降る前でも、地下水涵養量に変わりはなかったから、ロームが積もる前の扇状地面には、このようにしてできた湧水帯が扇端部には存在したはずである。第二章で述べたヤトの成因と同じように、湧水があれば、そこから流れ出す水で火山灰は積もることなく洗い流されてしまう。水流以外の部分にローム層が降下堆積したあとでは、あたかも「水流が下刻してできたような谷」が出現する。早稲田大学の久保純子さんは一九八八年の論文で、武蔵野台地の「開析谷《かいせきこく》」は削られてできたのではなく、ロームが洗い流された結果であることを明らかにしている。

　現在私たちが見る武蔵野台地は、扇状地としてはいびつな形をしている。この成因を、以前は埼玉側の相対的な沈降に求めていたが、立川断層の存在が明らかになった後では、むしろ東京側の相対的な隆起を考えたほうがよさそうである。青梅から井の頭池までの距離は約三〇キロメートル、青梅から川越《かわごえ》までが約二五キロメートルである。川越付近は荒川の側刻《そっこく》作用で少し削られているので、かつては青梅を扇頂とし吉《きち》祥寺《じょうじ》から川越付近までを扇端とする「いびつでない扇状地」が存在したと考えてよいであろう。五〇メートルの等高線上に位置する湧水は、そのころの扇端湧水帯に湧き出す泉だったと思われる。

　気候は毎年同じではない。降水量は多い年も、少ない年もある。降水量の多い年には地下水面も高くなり、礫層中の地下水は平年よりも標高の高い場所からあふれ出すであろう。その標高が七〇メートルだったと考えれば、七〇メートルの等高線付近に並ぶ谷頭も説明がつく。武蔵野面にはこの標高付近に傾斜の変換点があり、七〇メートル線で地下水があふれ出さなければならない理由もある。

　次に谷頭泉の代表である井の頭池が、なぜ「その場所」になければならないか考えてみよう。この湧水は江戸時代、神田上水《かんだじょうすい》の水源であった。その湧水量を知りたくて、いろいろ探してみたが、水路の幅や堰の大きさについての資料は残っているが、水量の記録はどこにもない。ようやく入手できた唯一の情報が、前島康彦著『井の頭公園』（一九八〇年、郷学舎）に収録された「井之頭公園設置計画書」（大正二〔一九一三〕年）の次の一文である。

> 井之頭池（本市［引用者注・東京市］所管）ハ、其面積一万五〇〇〇坪ニ及ヒ、東ヨリ西ニ向ヒY字形ヲ為シ、池中清泉湧出シ、古来未曽テ涸レシ事ナク、一昼夜ノ湧出量実ニ一二〇万石ニ達スト云フ。（傍点引用者）

一石を〇・一八立方メートルとすると、日量一二〇万石の湧水量は二一・六万立方メートルになる。武蔵野面の年降水量を一六〇〇ミリメートル、年蒸発散量を六〇〇ミリメートル、直接流出率を一五パーセントと仮定すると、地下水の日涵養量は二・一ミリメートルとなり、この湧水の涵養面積は一〇三平方キロメートルと計算される。しかしこれでは、武蔵野面の最上位の面である$M_1$面のほぼ全域から集めた地下水を、井の頭池だけで排水しなければならないので、不自然である。

もしも一二〇万という数字が、一三〇万でも一一〇万でもないとすると、単位が間違っている可能性がでてくる。むかしは流量の単位としては「石」ではなく、「個」が用いられた。個は毎秒一立方尺を意味する。しかし石を個に読みかえると、一二〇万個というべらぼうな数字になるので、さらに日量一二〇万立方尺が正しい値であると仮定してみると、日量三万三三九一立方メートルとなり、ほぼ妥当な値が得られる。この水が全部使えれば江戸五百町の町民のうち、一人一日一〇〇リットルとしても三三万人に給水できる。

現在、井の頭池の湧水は地下水面の低下でほとんど涸れてしまい、人工的に汲み上げた地下水を池に補給して、どうにかしのいでいる。しかし、むかしは相当な量の湧水があったのであるから、地下にはここへ地下水を集める「水みち」があるはずである。今度はその水みちの成因について考えてみよう。

### 水みちの成因

私は学生に、扇状地の地下構造は糠味噌の中に大根が扇形に並んでいるようなものだと教えている。大根は、扇頂を軸にする首振り運動で頻繁に位置を変えてきたかつての河道に当たる。河道の部分には大きな礫があるので、その透水性は糠味噌の部分よりも大きい。本当は大根ではなく水を通す孔のあいている蓮根にたとえたほうがいいのだが、蓮根と糠味噌という組み合わせは聞いたことがないので、こう言っている。扇状地の旧河道は透水性がいいので、埋まってしまうと「水みち」になり、それが地表へ出るところが湧水になる。「水みち」になっている黒部川扇状地の「旧河道」についてはすでに第四章で述べた。

井の頭池は、青梅を扇頂とする古扇状地面を最大傾斜の方向へ流下した、古多摩川の旧河道を「水みち」とする湧水である。その証拠は二つある。一つはこの池の近くで揚水試験によって得られた著しく大きい透水係数、もう一つは牟礼残丘をはじめとする地形的証拠である。

清水建設の研究所を定年退職した高橋賢之助さんは『実例・経験に基づく掘削のための地下水調査法』（一九九〇年、山海堂）のなかで、吉祥寺駅北口付近のビル工事の際の揚水試験で得られた、一・一センチメートル毎秒という異常に大きい透水係数について報告している。この値は扇状地礫層の透水係数としても一桁大きく、ここが旧河道であったことを語っている。

地形的証拠にまず牟礼残丘がある。これは古多摩川が削り残した丘であるから、そのすぐ北側を、つまり井の頭池の位置を、古多摩川が流れていたことについては、疑う余地がない。ただし、扇状地は川が首を振ってつくった地形であるから、すべてが旧河道だったともいえるのではないか、との反論が予想される。この反論に対しては、この旧河道が特別な河道であることを指摘しておきたい。いまから一三万年前の最終間氷期には海底だった淀橋台と荏原台を、その隆起の途中で古多摩川が現在の姿に削り残したとき、その河道はこの位置にあった。また淀橋台と荏原台を分離している目黒川の谷も、河道がこの位置にあったときに削り込まれた。

武蔵野台地の隆起量は南東部のほうが大きい。そのため目黒川の谷を刻んだのち（ロームを洗い流しただけの谷と違い、この谷は本当に刻み込まれた）、古多摩川は現在の多摩川へ向かって西へ向かう移動を開始した。最初に刻んだのが呑川《のみがわ》の谷で、このとき削り残されたのが、人もうらやむ田園調布《でんえんちょうふ》台である。国分寺崖線の多くの湧水のうちでも、特に奇妙な形をした地形の下から湧き出し、しかも湧水量の多かった深大寺と恋ケ窪の湧水は、西へシフトする途中で古多摩川がつけた傷跡と関係しているのではないかと、私は疑っている。古多摩川が立川面を削るようになったころには、武蔵野面はもう十分な高さまで隆起を終えていた。かつての狭山丘陵がそうであったように。

## 立川断層と矢川緑地湧水群

矢川緑地湧水群は、立川断層が多摩川と出会う手前にある。湧き口は多数あり、付近一帯は都の湿生植物園になっている。湧水量についての情報はないが、たぶん都内随一であろう。段丘崖から湧いているので、断層と関係づけなくても成因の説明は可能であるが、次章で述べるように、立川断層は東へ向かう地下水の広域流動を強くさまたげているので、そのさまたげられた地下水が地表面の傾斜の方向へ流れてここへ集まると考えたほうが、より合理的であろう。地下にはいろいろな仕掛けが隠されている。その仕掛けが水の働きによって作られたものならば、「古水文学」がその謎を解く助けになる。また地下水の流れは、黒部川扇状地の埋没面のように、地下に隠れている仕掛けを明らかにしてもくれる。「水は方円の器に従う」。水は正直者である。

## トトロの森

トトロは宮崎駿氏のアニメ映画『となりのトトロ』にでてくる可愛い動物である。このトトロは、いつのころからか狭山丘陵に住み着くようになった。東京都と埼玉県にまたがる狭山丘陵のナショナルトラスト運動、「トトロのふるさと基金」の発足から、「トトロの森」一号地の土地取得までの事情は、工藤直子著『あっ、トトロの森だ！』（一九九二年、徳間書店）に詳しく説明されている。この本に同基金の委員の次の談話が載っている。

「トトロの森一号地となったあたりは、規模は小さいけれど、狭山丘陵を凝縮した感がある地帯です。さまざまな方向に走る『谷戸』とよばれる谷とちいさな湿地もあり、林に隣接した人里で暮らす人々など……いろんな要因が加味されて、変化に富んだ自然をつくっています。

この地域は、地下水位が高く、冬でも枯れない湧水が三カ所から湧きだしていま す。また、数メートル歩く距離で林の様相が変わり、まるで長時間に起こる林の変貌を、数分で見られる――そんな感じすらしますね。上山口中学校の脇にある湿地は、規模は小さいけれど、生き物たちの大切な水場であり、下流域で暮らす人々にとって、大切な遊水機能を備えた場でもあります。（略）」

「山は水を持ち、山があるから水が湧く」。これは水文学の常識である。ＪＲ東日本は新潟・群馬県境の大清水トンネルから湧き出す水を売っている。まして狭山丘陵では、狭山湖（山口貯水池）と多摩湖（村山貯水池）が常時水をたたえている。この丘陵が水を持っていることは、丘陵の周りから多くの水流が発生していることからもわかる。

一九九〇年の一〇月七日に、ガーナから日本政府国費外国人留学生としてS君が私の研究室にやってきた。彼はすでにベルギーの大学院の国際水文学コースで修士の学位を得ている。還暦まぢかの自然系の国立大学の教授にとって、たぶん最も意義のある仕事は、国籍を問わず、大学院生にいい研究テーマを与え、研究費の手当をしてやり、博士論文を書かせることであろう。私のところからは、すでに十数人の研究者が巣立って行ったが、そのなかにはアフガニスタン、韓国、中国からの留学生もいる。

いろいろ考えた末、S君には水温と環境同位体で東京都の広域地下水流動解析をやらせることにした。東京都には八〇本以上の地下水観測井がある。この観測井を使わせてもらえれば、深さ二〇〇メートルくらいまでの地下水の動きは水温で探れるのではないかと予想をたてた。東京都土木技術研究所の石井求所長にお願いし、同年一一月一日に、S君を連れて行き、ためしに下町の観測井の水温鉛直分布を一本測らせてもらった。解析にたえられそうなデータが得られたので、その後フィールドを都全域に広げ、可能な限り多くの水温データをとらせてもらった。彼はいまそのデータを解

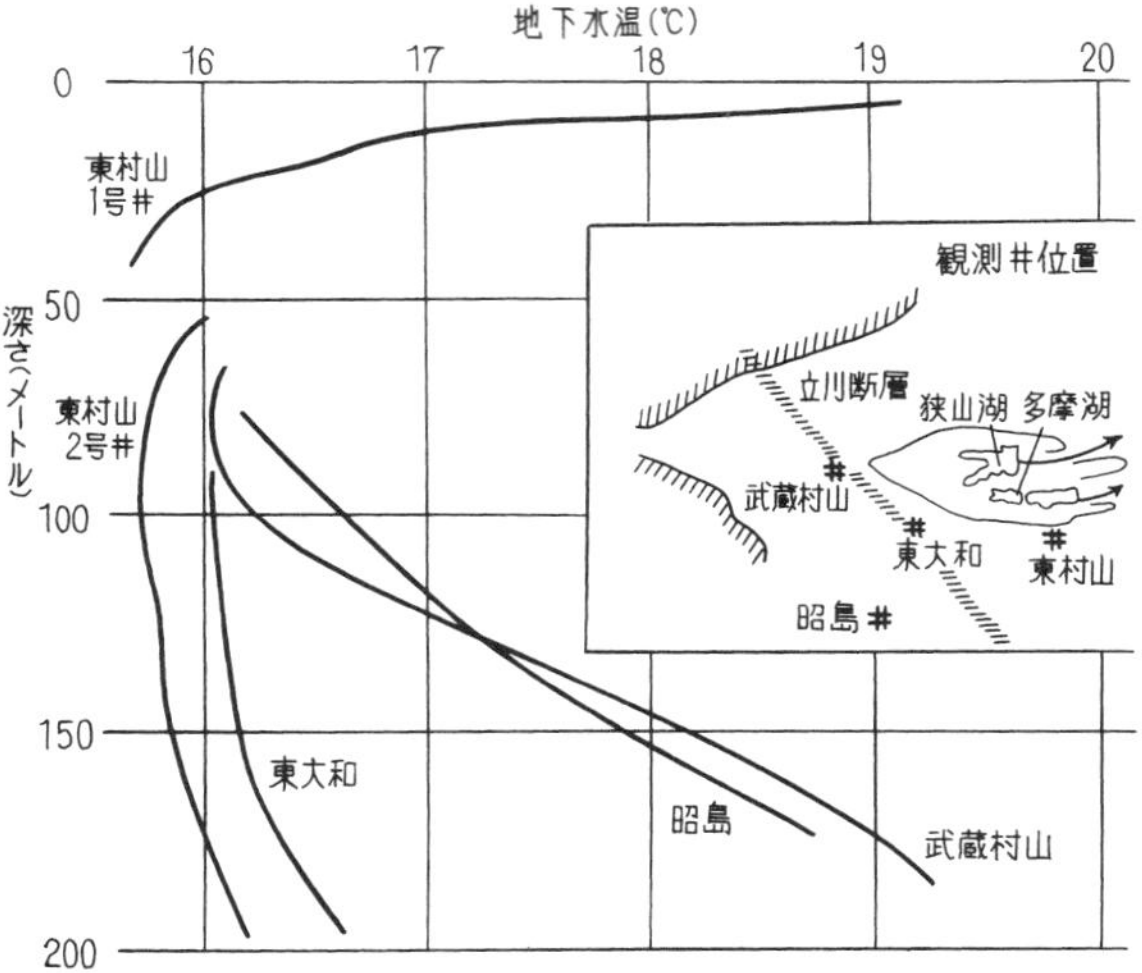


東大和と東村山の水温鉛直分布

析中である（一九九二年現在）。

この解析結果は彼の博士論文になる予定であるし、成果の公表にあたっては石井さんとも相談しなくてはならないので、面白い結果が得られてはいるが、それをここに詳しく書くわけにはいかない（詳細は後に付記する）。しかし本書は、私が一般の人々に地下水について述べる初めての機会であり、そもそもこの種の書物がないからというのが、本書執筆を引き受けた理由でもあった。この調査で判明した狭山丘陵の地下水の挙動についてだけ、少しばかりおひろめをするのを許していただこう。

狭山丘陵のすぐ南にある東大和《ひがしやまと》と東村山《ひがしむらやま》の観測井の水温鉛直分布を、立川断層の上およびすぐ西側にある武蔵村山《むさしむらやま》と昭島《あきしま》のそれと比べてみると、前ページの図のように地下水温は前者で低く、後者で高い。東大和観測井と東村山観測井は、東西にわずか五キロメートルしか離れていない。武蔵村山観測井は立川断層のほぼ真上に掘られている。東京都としては、この断層の構造を調査する目的もあったのであろう。昭島観測井は立川断層から西へ四・五キロメートル離れている。図のように、深部の水温は断層真上の武蔵村山で最も高く、次いで昭島、東大和、東村山2号井の順になっている。東村山は東大和よりも、より狭山丘陵からの地下水の「漏れ」の影響を受けやすい位置にある。

すでに述べたように、ある場所の浅い層の地下水温は、基本的にはその場所の年平均気温で決まる。火山地域のように地熱の供給が多ければ、地下水温すなわち地温は深いところほど高くなり、温度の上昇率（増温率）も大きくなる。武蔵村山と昭島では下からの地熱の供給が多く、東大和と東村山では少ない。

これだけの情報から、武蔵村山と昭島の増温率が大きいのは、立川断層に沿う地下深部からの地熱の供給が多いからであり、東大和と東村山の増温率が小さいのは、狭山丘陵から地下水が「漏れて」いるためであると結論したら、私が一九八四年に「日本列島の断裂成長」を発表したときのように、また眼をむいて怒りだす人や、私を変人呼ばわりする人がたくさん出るだろうか。

狭山丘陵から水が漏れるためには、「土台」はないほうがいい。水が漏れていると思われるから土台もないほうがいい、と推論しているわけではなく、土台がないことについては、その証拠らしきものを別につかんでいるのだが、土台があれば水が漏れにくいことは確かである。

私たちは以上の推論が正しいことに確信を持っている。ただし、狭山丘陵からどれだけの地下水が漏れているか、その地下水の流速はいくらかなど、定量的な解析結果の発表は、S君の学位論文の完成まで、もう一年以上待たなければならない。

## 学術文庫での付記

さて、S君は無事に博士号を取得してガーナへ帰った。私は一九九八年に地球温暖化の国際会議でナイロビへ行く機会があったので、イギリス回りでアフリカへ飛んだ。その途中でガーナのアクラで二泊して彼と再会した。彼は、国立の地下水関係の研究所に勤めていたが、「給料が安いので会社を作ってコンサルタント業を始めたい。海外からの開発援助資金で潤っているところへ移りたいのです」と私に言った。これが途上国の現実である。ガーナでは野口英世記念館や、海岸にある奴隷の輸出基地だったところへ案内されたりしたが、その後彼からの音信は途絶えている。

狭山丘陵からの水漏れの話にもどろう。S君は水漏れがあることを水温分布で確認した。次ページの図は、東京都の地下水面等高線図と、地表面からの深さ一〇〇メートルおよび一七〇メートルの地下水温の分布を示したものである。

地下水は「水平方向」へは地下水面の勾配にそって流れるが、「深さ方向」へも流れている。深さ一〇〇メートルで摂氏一六度の等温線が狭山丘陵から下流方向へ広がって伸びているのは、「漏れた低温の水」の影響が広範囲に及んでいるからである。深さ一七〇メートルの一六度の範囲が狭くなっているのは、三多摩地区における、より深い深度からの揚水の影響で漏れた水が下方へ引き込まれているからであろう。一方多摩川沿いに、深さ一〇〇メートルでは一八度の、また深さ一七〇メートルでは一九度の等温線（破線部は推定）がそれぞれ出現している。

これは地下水よりも高温の河川水が三多摩地区における揚水（区部での揚水は禁止されている）の影響で地下水に転化しているからであろう。地下水温だけから地表水の地下水への転化量を計算するには、多くの仮定が必要になる。残念ながらここでそ

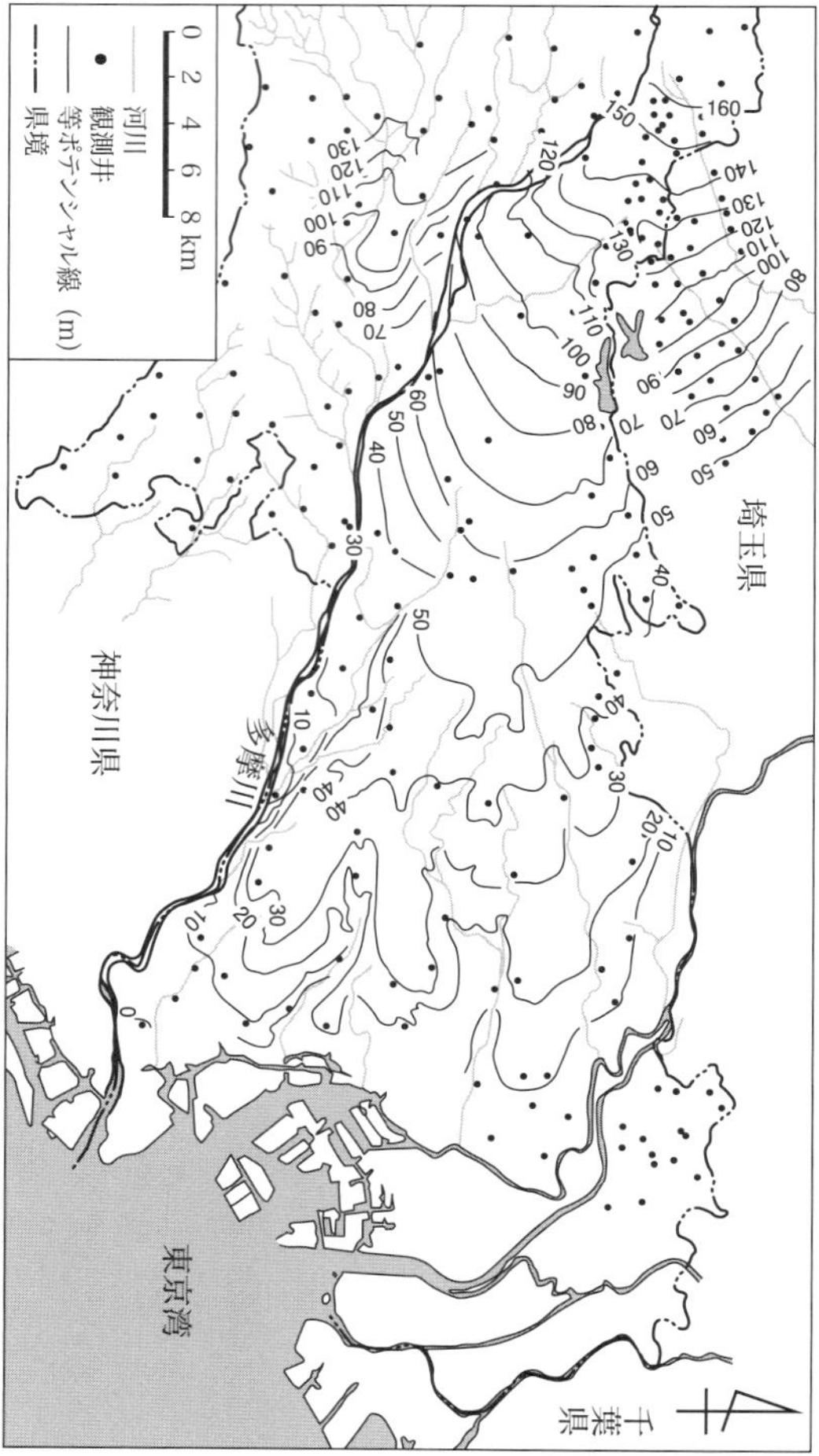


東京都の地下水面等高線図

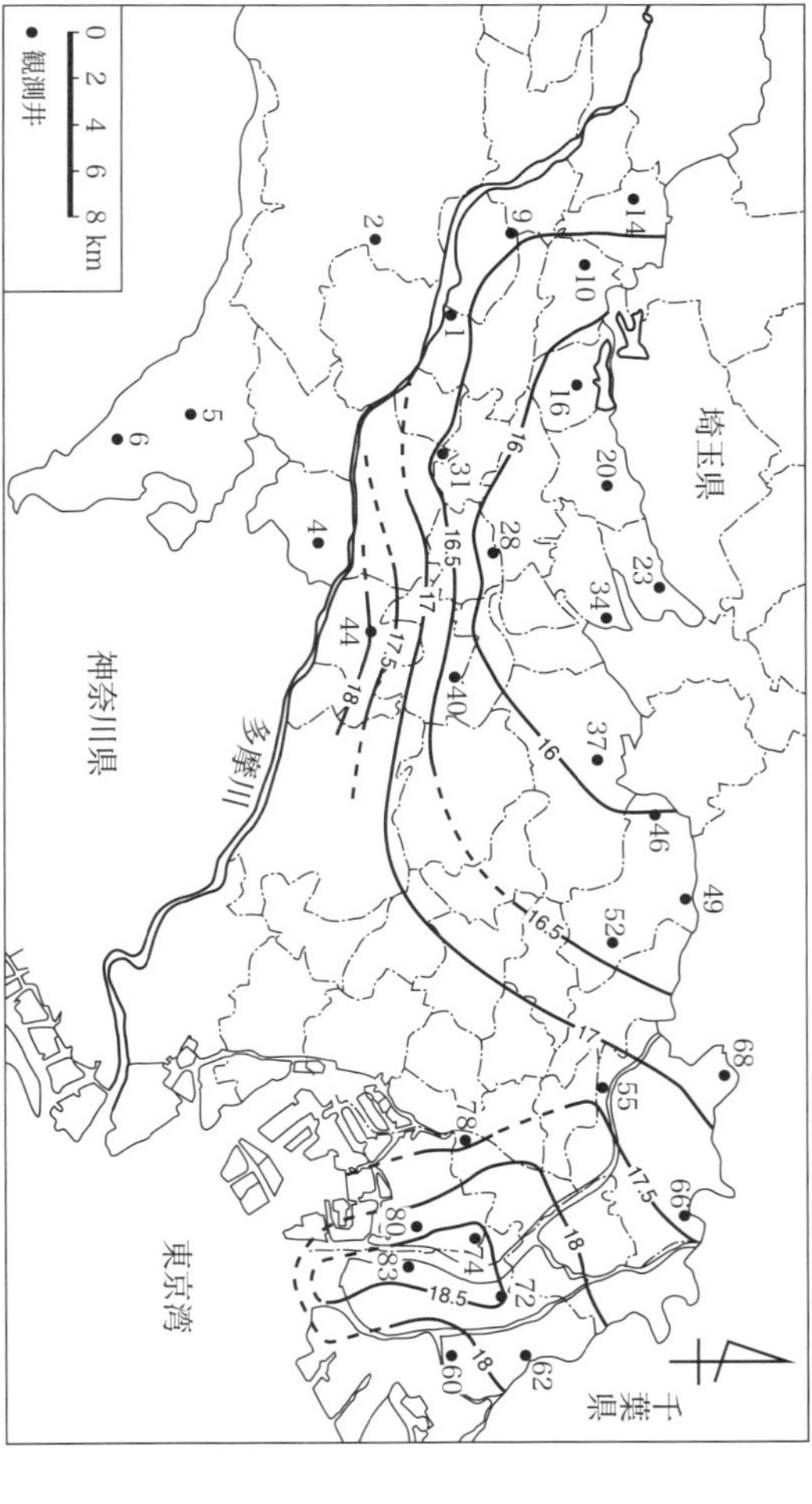


東京都の地表から深度100メートルの地下水温分布図

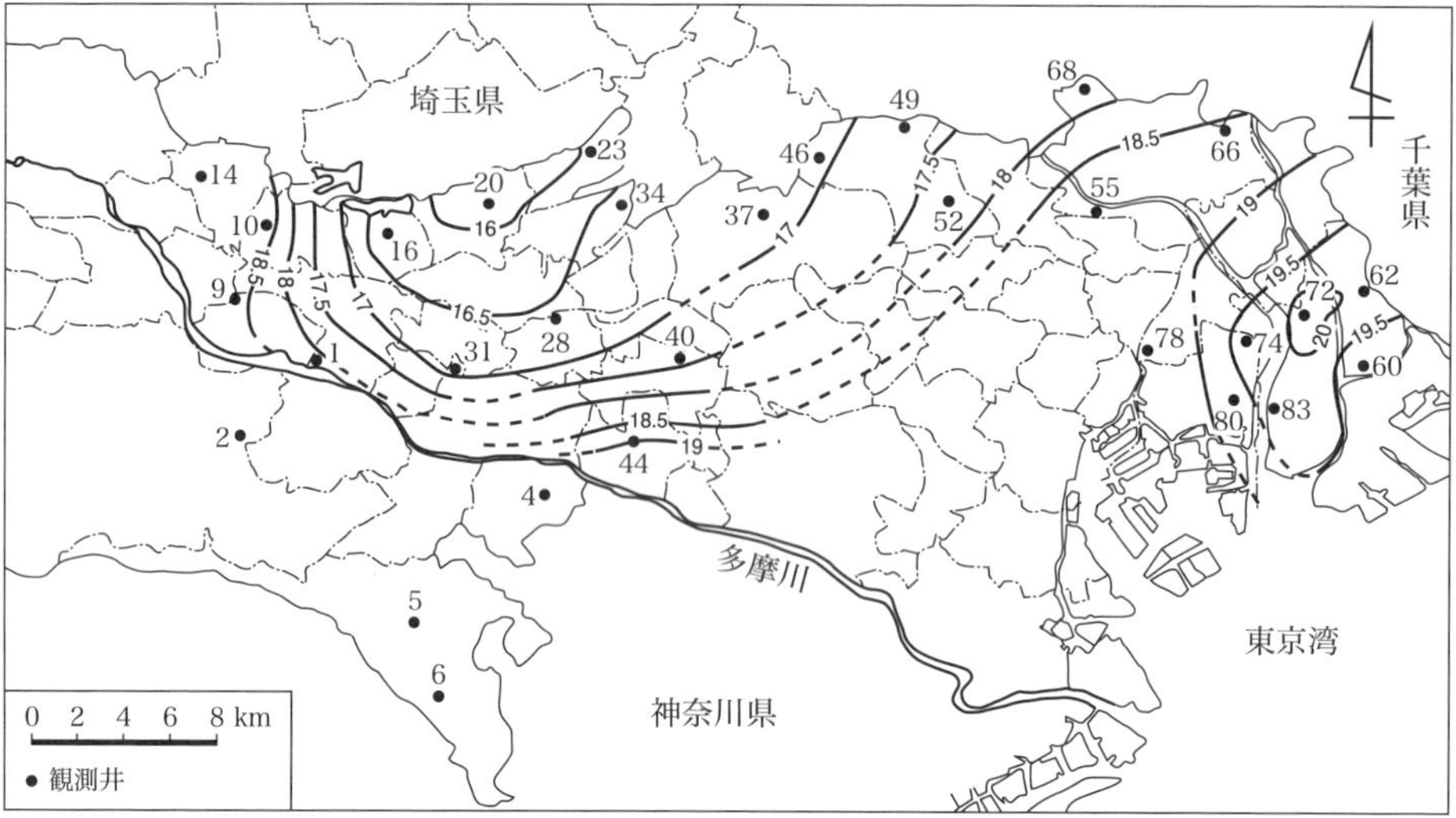


東京都の地表から深度170メートルの地下水温分布図

の数字を、確信をもって提示することはできない。しかし私は、多摩川からの地下水への転化量は日量数万トン程度で、狭山丘陵からの転化量はオーダーが一つ低くなるのではないかと考えている。

ついでに述べると、江東低地では深さ一〇〇メートルで一八・五度の、また深さ一七〇メートルでは二〇度の等温線がそれぞれ現れている。つまり狭山丘陵からの冷たい漏れ水の影響を受ける地域では、移流効果のため地下水温は深くなっても上昇しないが、下町低地では地下からの熱の供給をうけて、深くなるほど地下水温は高くなる。前述の武蔵村山と昭島の水温プロファイルを深度方向へ外挿してみると、やがて「温泉」に出会うことがわかる。下町低地でも同様である。最近、東京では規制の網にはかからない小規模の揚水による温泉利用が活発になっているが、温泉を掘り当てることは東京では難かしいことではない。S君の水温観測データは公開したので、それを使って都市化や地球温暖化の影響を解析した人もある。地下にはいろいろな情報が眠っているのである。

### 地下水というコモンズの管理について

東京都では一九九〇年現在、日量約七〇万トンの地下水を揚水しており、揚水の大部分は武蔵野台地の西部、つまり三多摩地区で行われている。この地下水は、武蔵野台地の地表面、多摩川、多摩丘陵、そして狭山丘陵から供給されている。この地域は地盤がいいので、地下水を使っても地盤沈下の心配はない。この地下水は貴重な水資源であり、東京都は武蔵野台地の地下に巨大な水がめを持っている。

以前に行った私の試算では、日量にして、東京都では三多摩地区から区部へは六八万トンの地下水が流入しており、区部では三七万トンの貯留量の増加があった。増加した分だけ区部の地下水面は上昇することになる。試算当時の都の地下水揚水量は八〇万トンで、地下水の主要な涵養源は、三多摩地区の降水から一一〇万トン、水道管からの漏水が六四万トンだった。その後の努力で漏水率は大幅に減少したので、この流入量は、少なくとも水道漏水の減少分は減少しているだろう。ただし、これらの数値は乏しいデータから試算した水収支の概算値である。

地下水の適正な利用と保全は、地下の成り立ちと、地下水の循環の実態を科学的に明らかにすることができて、初めて可能になる。必要な情報がすべて公開されてさえいれば、「学術文庫版まえがき」でも述べたように、水文学は地下水管理のためのノウハウを提供できるところまで進歩している。地下水に限らないが、コモンズをうまく管理するには、情報の公開と、関係する人々の動機の共有が必要である。

# 第六章　東京の地下で起こっていたこと

## 生ぐさいことども

動きの速い現象を扱っている研究者には、地下水は学問的に面白みのない溜まり水のように感じられるらしい。地下水学には、法則と呼べるようなものもほとんどない。私は助手のころ山本荘毅先生から、ある地球物理学の大家が「地下水なんてラプラシアン一個の学問だから面白くない」と言われた、という内輪話をうかがい、頭を抱え込んだことを憶えている。水は人間生活にとって最も重要な物質であるにもかかわらず、応用面はともかく、「自然界の水」についての基礎的研究が、学問の世界でしかるべき所を得るようになったのは、最近のことである。

地下水の世界に入ってかれこれ三〇年。この「面白くない学問」を続けているうちに、私は次第に地下世界の面白さに引き込まれていった。地下水を物理学の対象ととらえると、確かにあまり面白いとはいえないかもしれないが、気候変化や、水循環、水質進化、地形進化、さらには人間活動との関係も含めて研究すると、そこに尽きることのない面白さが見えてくる。「こんなに面白い学問があるだろうか」とさえ言いたい心境である。

この間に、「生ぐさい」事件にも、たびたび遭遇した。最後の章として、世界最大の都市東京を例に、地下水にまつわる生ぐさいことどもについて、少し綴ってみたい。

**地盤沈下**

地盤沈下の原因が地下水の揚水にあることは、いまでは常識となっている。だが一九六〇年代～七〇年代には、そう言い切ることは非常識だった。地盤沈下を防ぐには地下水の揚水を規制するしかないと主張して、一時期、私は地下水利用者側からの強い非難をあびた。

理論的には地下水の動きと地盤沈下との関係は、一九六五年にP・A・ドメニコが、圧密沈下と地下水流動は同じ理論式で表現できる、との論文を発表したときに片づいていた（拙編著『地下水資源の開発と保全』、一九七三年、水利科学研究所）。残されたのは、（非線形化も含めて）式の係数をどう見積もるか等のマイナーな問題だけである。しかし地下水はただで利用でき、水循環によって人の手を煩わすことなく供給されるので、いったん利用を始めてしまうと、代替水源や代替エネルギー源（消雪用としては地下水はエネルギー源である）を見つけることが極めて難しい。さらに河川水の水利権や、「適正揚水量」の算定など、ややこしい問題が関係してくるため、地盤沈下は世界各地で現在も依然として進行している。

一九七〇年六月に、一都三県の知事レベルの合意で「南関東地盤沈下調査会」が発足し、私はその調査員として一年間、地下水の揚水と地盤沈下との関係を調査し、簡単な報告書をまとめた。いまとなってみると、お役人に巧妙に操られたふしもあるのだが、一九七一年六月八日に美濃部亮吉都知事と新藤静夫さん（千葉大学教授）と私とで、その成果についてプレス発表をした。その翌日の朝日新聞は、「地下水、百年で枯渇」という大見出しが一面のトップを飾った。他社もかなりのスペースを割いた。一〇〇年という数字は、報告書にはなかった。記者の質問に誘導されて、「若かった私」がとっさに答えた数字だった。もちろん当時の井戸濫掘状況を考えると、間違った数字とはいえないが、科学的に問題のない数字ともいえない。第一、どこまで地下水位が下がったら「枯渇」というのか、定義が定かでない。

当時は公害問題が社会の最大の関心事の一つだったから、報道されること自体はありがたいことであった。しかし新聞の取り上げ方は、あまりにもセンセーショナルにすぎると、私には思われた。駆け出しの研究者として、私はこの事件から多くのことを学んだ。以来今日まで、社会とのかかわりは切れることなく続いた。一九九〇年ころから私は、予測科学よりも「診断科学」により強い関心を抱くようになったが、その始まりは、あの記者会見ではなかったかと思うようになった。世間は「予測結果」を欲しがるが、本当に必要なのは、「予測結果に基づく適切な対策」である。予測ができても対策の立てられない現象があるし、予測がなくても対策を講じられる場合もある。

雲仙普賢岳の爆発は、四六億年にわたる諸々の地球進化プロセスの結果として存在する現在の地球の細部プロセスの予測が、いかに難しい課題であるかを教えてくれた。起きてしまった現象の解説以外はほとんど何もできない火山学者の、苦渋に満ちた顔をテレビで見るたびに、私はあの記者会見での自分の姿を思い出していた。そして、二〇一一年三月一一日、東日本大震災が起こり、大津波が発生した。

幸い私たちの研究も、日本の地盤沈下の沈静化には役立った。いまは、これまでの日本の地盤沈下に関する経験を科学的に集大成して、地盤沈下に苦しんでいる国々への知的サポートを行うときだと思う。

## 地下水面の変化と酸欠空気

地下水の「過剰揚水」により、東京の地下水位は急低下した。私が初めて単位面積当たりの地下水揚水量を、都の一九六二年のデータから試算したとき、江東低地に、一平方キロメートルの面積から一日に三万トン以上の地下水を揚水していた区画があった。降水量から蒸発量を差し引いた値を年間に水深で一メートルと仮定してみよう。この数字は、年降水量一六〇〇ミリメートル、年蒸発量六〇〇ミリメートル、表面流出量ゼロに相当するので、東京の地下水涵養量としては、考えうる最大値である。その水が全部地下水になったとしても、一日一平方キロメートル当たり二七四〇トンである。わが国では、地下水への平均涵養量は一日一ミリメートルと推定されている。この場合には、一平方キロメートル当たりの日涵養量は一〇〇〇トンにしかならない。当時は、場所によっては自然涵養量の数十倍の量の地下水が、「土地を持っている」というだけで、いくらでも揚水可能だったのである。

何を「過剰」とし、何を「適正」とするかは、地下水利用でいつも問題になる点であるが、この数字が「過剰揚水」を示していることは論をまたない。

東京都は地盤沈下防止対策として、一九五六年制定の工業用水法を背景に、工業用地下水については、一九六一年一月に江東地区の井戸新設禁止、一九六三年七月城北

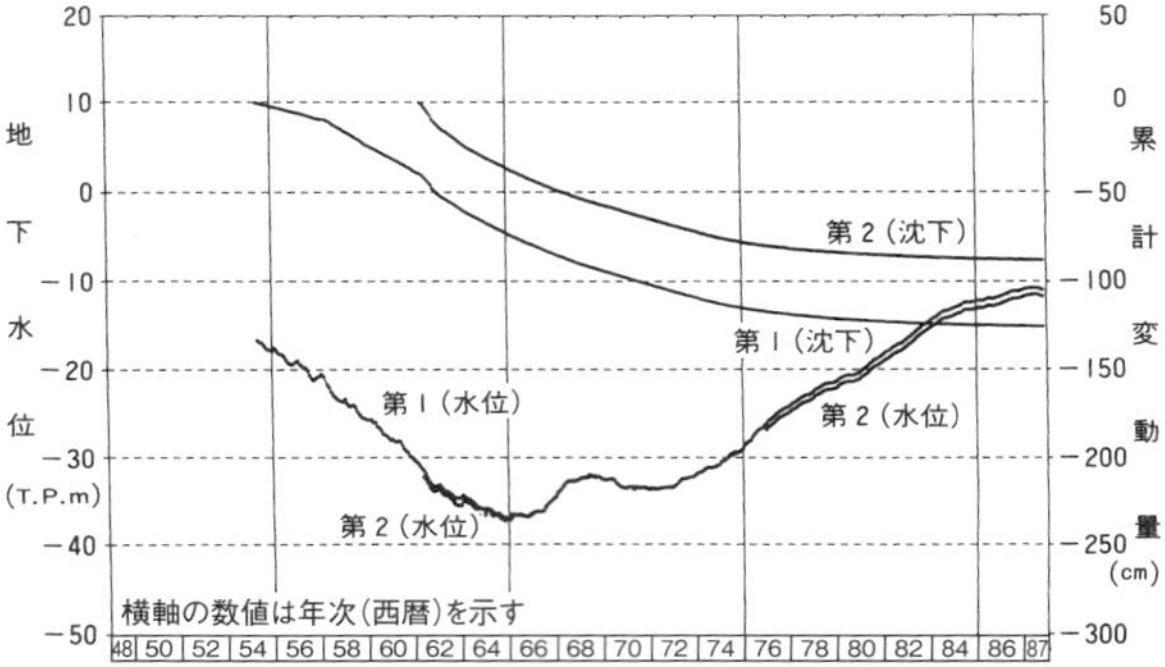


南砂町観測井（東京都江東区）の地下水位変動と地盤の累計変動

地区の井戸新設禁止、一九六六年六月江東地区の揚水禁止、一九七一年一二月城北地区の揚水禁止、一九七五年四月江戸川地区の揚水禁止と矢継ぎ早に手を打った。さらに、ビル用地下水、天然ガスかん水、その他の用途の地下水の揚水も禁止し、その結果、地下水位は上図のように急速に回復した。

　地下水面低下の予期せぬ随伴現象の一つが酸欠空気事故であった。地下水で飽和され酸化の進行しない環境におかれていた帯水層が、地下水面の低下で不飽和になり、新鮮な空気と触れるようになると、岩石の表面の酸化が進行し、結果として酸素の消費された空気が地層を満たすようになる。その空気が地下室や、当時盛んに行われていた地下工事の現場へ漏れ出し、一九六〇年代に、いわゆる酸欠空気による死亡事故が多発した。空気が漏れ出した原因としては、低気圧の通過による吸い出しや、圧気工法の工事による押し出しのほかに、地下水面の急激な上昇も関係していたかもしれない。

これはうろ覚えなので、間違っていたら訂正しなければならないが、人命にかかわることなので、勇み足になるかもしれない危険を承知で書いておく。かつて、茨城県内の新設の地下水取水施設で、井戸の点検に降りていった検査員が、酸欠空気で二人も死亡する事故が起きた。構造は不明だが、その施設の井戸の周りには新しい割り石が詰めてあったと報道されたように記憶している。私はこの記事を読んだとき、東京の酸欠事故を思い出し、現場へ行って状況を確かめなければと思ったが、時間がなくて果たせず、そのうちに忘れてしまっていた。地下水面の低下した地下や、人為的に埋め戻した地下へ入る必要が生じたときは、酸欠空気に十分な注意を要する。

岩石の表面が「土色」を呈するのは、多くの岩石が極めて一般的な化学元素である鉄を含んでいて、その自然の色がどんなであろうとも、風化すると「さびた」黄色か赤褐色に変化するからである。専門家が岩石をハンマーで割ってから観察するのはそのためである。ちなみに、茶色の地層は酸化的な環境に、青灰色の地層は還元的な環境に、それぞれおかれていたことを示している。

静かに進行している自然現象も、時には人間に牙を剝く。

### 地下水位と地下水面の違い

私が本書で地下水面と地下水位を区別して使っていることにお気付きだろうか。英語では、地下水面は water table、地下水位は groundwater level である。具体的には、地下水面は最も浅い井戸の水面を、地下水位は深さにかかわらず井戸の中に現れる水面の位置を意味する。両者の違いの理解が地下水循環の理解の始まりとなる。

まず water table について。この語は groundwater table と書いても間違いとはいえないが、英語の地下水学の教科書では water table のほうがより一般的である。ちなみにドイツ語では Grundwasserspiegel、フランス語では nappe d'eau souterraine と書き、いずれも「地下水」という語を含んでいる。単に water と書いて、それが地下水を含意するのは、地下水が英語世界で最も身近な水であったことを暗示する。旧約聖書の創世記に井戸の話がしばしば出てくるのは、乾燥地域が舞台だから当然だが、湿潤な日本でも、人々は川にではなく、まず地下水に飲料水を求めた。川は線、池は点だが、地下水は面である。地下水は、地域を問わず、最も身近な水だったといえよう。

日本語には、翻訳語である「地下水面」のほかに water table に当たる平易な言葉はない。「水卓」と訳した人もあるが、この訳語は普及していない。これは、英語民族が地下水面に対して、日本人よりも、より強い関心を持っていたからであろうか。

私は、水は井戸から汲むものだという常識が、water table という言葉にあらわれているのではないかと思っている。地下水も groundwater ではなく、ground water と書かれることが多い。

地下水面は厳密には、「大気圧と等しい水圧を持つ点を連ねた面」と定義される。地下水面では「圧力ポテンシャルはゼロで、水理ポテンシャルは重力（位置）ポテンシャルに等しい」。したがって、地下水面の位置が決まれば、地下水面上のすべての点の水理（地下水）ポテンシャルが決まる。次節で述べるように地下水面の位置の決定は、地下水の三次元流動状態を明らかにする際に決定的に重要である。

また地下水面は、地下水の水収支を考えるときの上部境界面となる。定められた範囲内の地下水の貯留量は、地下水面（地下水位ではなく）が低下したとき減少し、上昇したとき増加する。

地下水面は地下水位の一状態である。地下水面と地下水位の違いは、地点が特定された場合、地下水面は一つの値しかとれないが（一つの深さにしか現れないが）、地下水位は同一地点でも深さに応じてさまざまな値をとりうる点にある。地下水位が深さにかかわらず一定のときを静水圧状態といい、この状態のとき地下水は水平方向にだけ流れ、鉛直方向の流れは存在しない。しかし狭山丘陵からの「漏れ水」の拡がり具合からも理解できるように、地下水は三次元的に流動しているのが普通である。

こむずかしいことを長々と述べてきたのは、次の理由による。これまでの日本の地下水観測は、地盤沈下の監視を主目的にしていたため、地下水面を測定しているのか、地下水位を測定しているのか明確ではなく、これからの地下水行政や地下水管理で必要になるはずの、地下水の循環や水収支のための情報を得るのに必ずしも適しているとは言えないからである。体温でも、測る方法や時刻によって、その情報の質は大きく違ってくる。適切な診断には、正しい情報の集積が必要である。

これからあとは、私が地下水位と地下水面の区別に苦しんだ思い出話である。むかし地下水シミュレーションのために地下水面のデータが必要になり、やむなく地下水位から地下水面を適当に推定し、ある「数字」を出したことがあった。しかしいまでも後味の良くない仕事だったので、反省の意味も込めて書き留めておくことにしたい。

一九六九年二月に、東京都の依託業務報告書として「江戸川地区における地下水理解析報告書」が、あるコンサルタント会社から出た（私はこのとき初めて地下水の水収支の見積りを試みた）。私の担当項目は「地下水の水理学的検討」で、その一部として簡単なコンピュータ・シミュレーションを行い、パラメータの逆問題推定も行った。私がした仕事の概略は、同年九月に東京で開催された第一回地盤沈下国際シンポジウム（当時わが国は地盤沈下被害の先進国だった）で発表し、そのフルペーパーは、ユネスコが出版したこの会議のプロシーディングスに印刷されている。これはこれで、当時としては新しい試みであり、まったく無意味な論文ではなかったと思っているが、問題はその論文での地下水位の扱い方である。

このときの計算で地下水面のデータが必要になり、入手できる井戸の地下水位資料をすべて集めてみたが、地下水面を決めることはできなかった。計算する期間は、地下水位が急激に低下していた時期で、下町低地の地下水位を区単位で整理してみると、同一区内でも深さによって数十メートルも違っていた。その真実の姿は、次節で説明する地下水（水理）ポテンシャルの鉛直断面分布図に明らかである（二二二〜二二三ページ参照）。しかし当時は、地下水面の位置に関する情報は皆無に近かった。やむをえず、各区ごとに平均地下水位に近い傾向線を引いて、それを地下水面とし、計算に用いた。

どのような計算を行っても、結果は得られる。しかも、その計算の妥当性を判定できる人は、ごく限られている。計算に必要な資料は不十分である。しかし、事態は緊急を要し、意思決定のための「数字」が求められている。当時はそんな状況だった。

以上は、予測された「数字」を頼りに意思決定を行う、という枠組みの中で起きた話である。最近でも、同じような状況に置かれることがあるが、私自身は、いまでは「数字」よりも「現象の理解」を優先させる立場をとっているので、「数字」を出すのが無理とわかれば、あえて無理はしない。

言い訳のようになるが、当時は、かなり粗い仮定で計算しても、正しい条件を入れて計算しても、答えはいずれも「揚水を直ちに禁止せよ」と出たと思う。結果としての判断に間違いのなかったのが幸いであった。

**地下水の流れをはばむ立川断層**

あしかけ四年間を費やした東京都の地下水調査が、ようやく終了した。この調査には私たちのグループからも何人か参加し、都が所有する地下水に関する膨大な資料を解析した。そして新しい事実もいくつか発見した。たぶんこの調査は、東京都の二一世紀の地下水行政に役立つと思う。その詳細については、東京都から出た報告書を参照していただきたいが、前節との関連もあるので、そのうちのポテンシャル分布図についてだけ、ここで簡単に紹介しておきたい。

二二二～二二三ページの図は狭山丘陵のすぐ南を通る、日の出町から葛飾区にかけての東西断面の地下水ポテンシャル分布図を、下町低地の地下水位が最も低かった一九七〇年と、揚水規制によって下町低地の地下水位は回復したが、逆に三多摩地区の地下水利用が進んだ一九八七年の両年について、比較したものである。

この図は、地層を鉛直に切ったときの、その断面上における地下水ポテンシャル（すなわち一ヵ所にだけスクリーンを切った井戸の水位）の分布図である。地下水はポテンシャルの高いところから低いところへ流れる。閉曲線はそこで地下水が大量に揚水されていることを示す。このような断面は水平にも、斜めにも切ることができる。現実の地下水は、両図のような鉛直二次元断面上をではなく、三次元空間をポテンシャル傾度に従って三次元的に流動している。地下水面より上に描いた破線は、既存の資料だけでは地下水面を特定することができず、破線の位置の可能性もありうることを示す。

この東西断面は、狭山丘陵の南西で、立川断層およびそれから分岐する瑞穂断層と交差する。この図で基盤は、固結シルトないしシルト岩を主体とする鮮新世から洪積

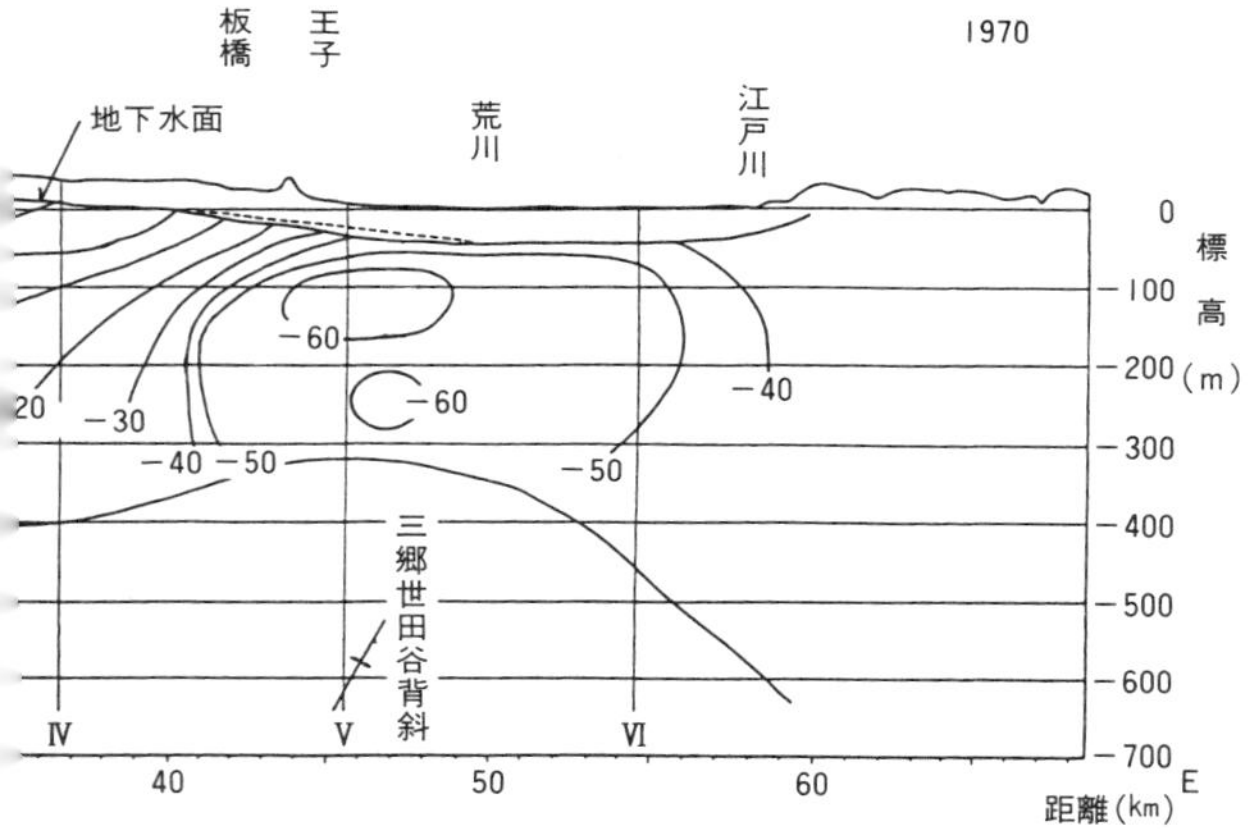
板橋
王子
1970
地下水面
荒川
江戸川
0
標高 (m)
−100
−200
−300
−400
−500
−600
−700
20
−30
−40
−50
−60
−60
−40
−50
三郷世田谷背斜
IV
V
VI
40
50
60
E
距離 (km)

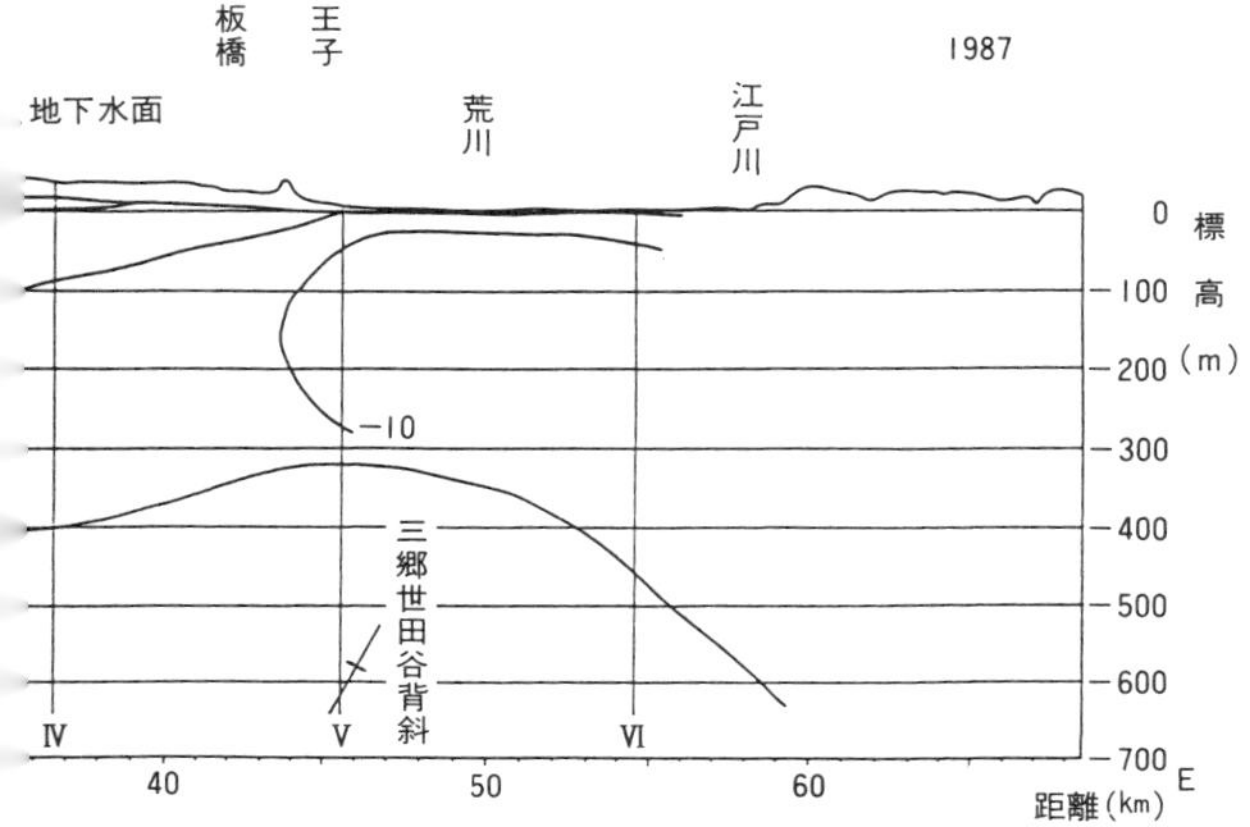
板橋
王子
1987
地下水面
荒川
江戸川
0
標高 (m)
−100
−200
−300
−400
−500
−600
−700
−10
三郷世田谷背斜
IV
V
VI
40
50
60
E
距離 (km)

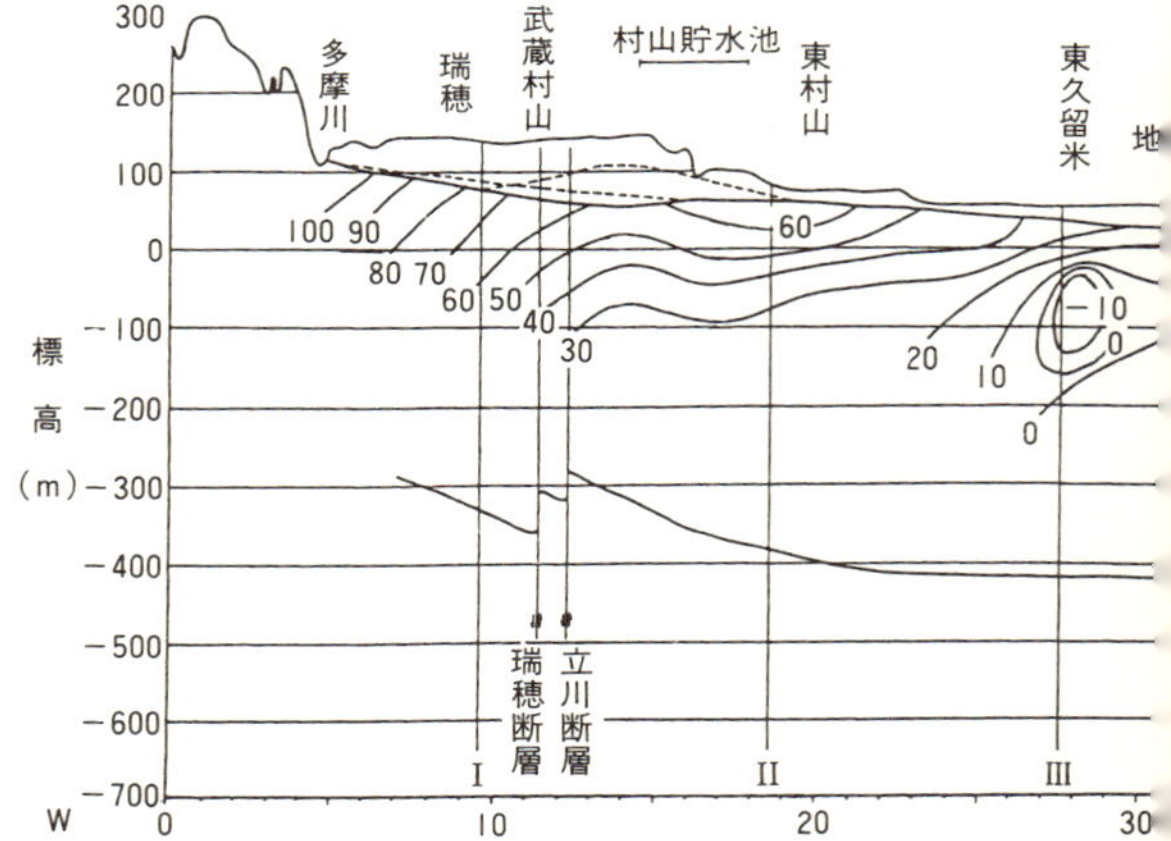


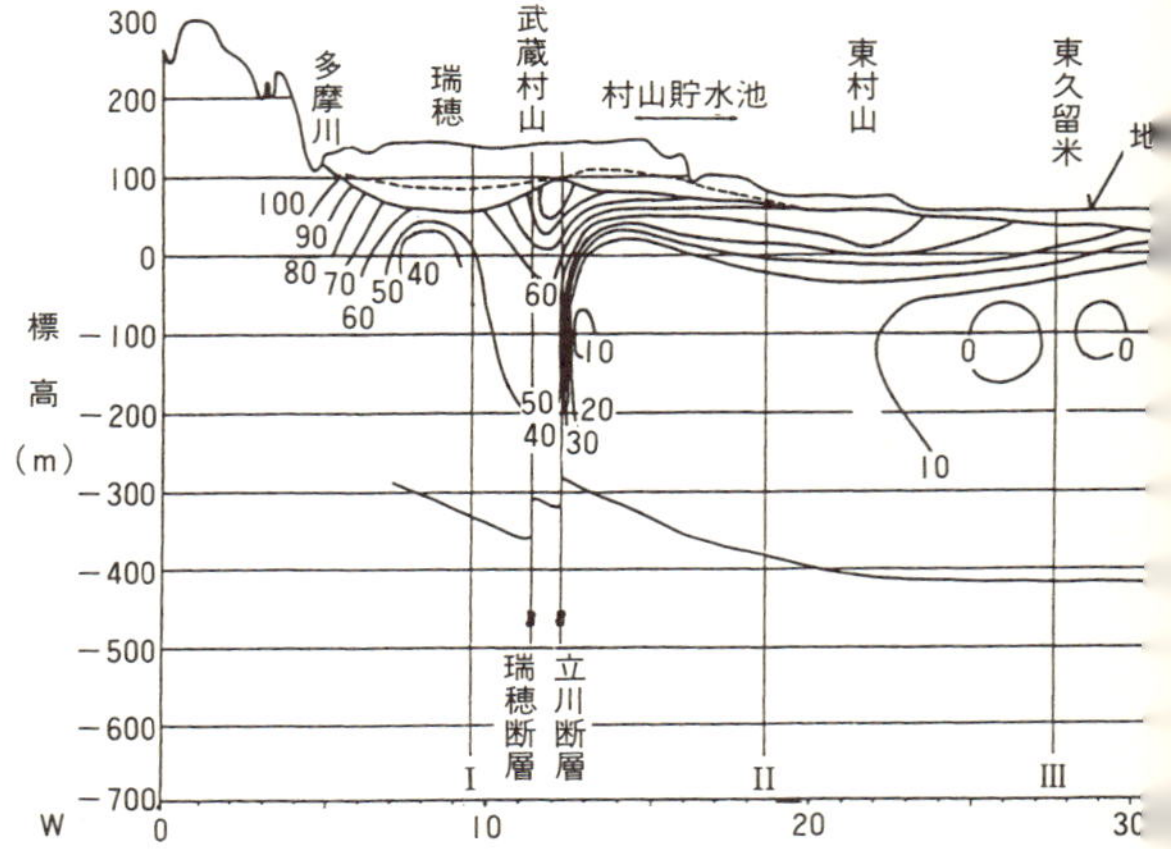


東西断面の地下水ポテンシャル分布図

世にかけて堆積した地層である北多摩層（江東砂層を含む）としているが、もちろんこの基盤の中にも地下水は存在している。江東砂層からは、都が鉱区権を買い上げるまで水溶性天然ガスを含む地下水の揚水が行われていた。工業用地下水の揚水を禁止するためには、工業用水道の敷設が必要であった。水溶性天然ガスを含む地下水の揚水禁止は、鉱区権を買い上げることで可能になったのである。

専門家はこの図から、いろいろな情報を引き出すことができるが、ここでは最も重要な二点についてだけ解説する。

第一点は、一九七〇年の断面に見られるポテンシャル（地下水位）の局部的な著しい低下と、一九七〇年から一九八七年にいたるあいだの、下町低地における地下水面および地下水位の急速な回復である。一九七〇年のV断面上にマイナス六〇メートルの等ポテンシャル線の閉曲線があるが、これはこの年に、この線上にスクリーンを持つ井戸の水位が海抜マイナス六〇メートルであったことを意味している。ただし同年同地点の地下水面はこれよりも高く、海抜マイナス四〇メートルであった。帯水層中のこのような著しい地下水位の低下により、粘土層などの軟弱層から水が絞り出され、絞り出された水の体積相当分だけ軟弱層が収縮した。これが地盤沈下発生の基本的なメカニズムである。

一九七〇年に実測された最低地下水位は、低地のマイナス六九メートルであったが、一九八七年にはマイナス一四メートルまで回復している。資料が少なく、両年とも、狭山丘陵の南から多摩川にかけての一帯の地下水面の位置は特定することができなかった。地下水は全体として、西部の台地から東部の低地へ向かって流れている。水平方向だけでなく、鉛直方向にも地下水の動きがあることも読みとれるであろう。

第二点は、地下水の流れに及ぼす立川断層の役割である。一九七〇年の立川断層付近のポテンシャルの最低値は三〇メートルであるが、一九八七年になると一〇メートルまで低下しており、下町低地とは逆に台地部では、最近になって地下水揚水量が増加しているらしいことがわかる。そして、立川断層が地下水の流れを阻止しているかのように、断層を境に大きなポテンシャル差が出現している。このポテンシャル差は、地下水面をどのように設定しても消えないし、別の鉛直断面上にも類似のパターンが現れるので、これが使用した資料の誤差に起因するものでないことは確かである。

前述のとおり立川断層の南東端には、都内最大の湧水量を持つと思われる矢川緑地がある。また立川断層は、一三万年前の扇状地である金子台の地表面を一〇メートル以上変位させ、その最大変位量は一〇〇メートルを超えると考えられている。

断層ができると、断層粘土が生じるなどして、断層に沿う方向の亀裂系の地下水の流れは局部的によくなるところもあるが、断層を横切る方向の流れは悪くなるのが普通である。立川断層は、地形面の傾斜に沿って西から東へ向かう地下水の流れをさまたげる方向に走っている。

立川断層に関する別の資料を示そう。狭山丘陵の西はずれ、武蔵野台地の上に箱根ケ崎という集落がある。文化一二（一八一五）年に刊行された齋藤鶴磯《さいとうかくき》著『武蔵野話』（一九六九年復刊、有峰書店）に次の記述がある。

筥根崎《はこねがさき》村は村山郷のうちにして八王子より日光山《ふたあら》への往還なり。鎮守は箱根権現なり。此地に筥《はこ》の池あり、また狭山の池ともいふ。武蔵野を帯のごとくほそくまとひ箱根崎村よりはじまり久米村までつゞける山を狭山といふ。

このハコノイケから流れ出す川が、かつての残堀《ざんぼり》川である（いまはその位置も姿も変えられて雨水排水路になってしまった）。ハコノイケは現存し、洪積台地の上でも水がたまるという特殊な現象を、いまも見せてくれている。箱根崎ではいまでも地下水面が高く（地下水面が浅い深さにあり）、手押しポンプで地下水が汲める。筑波大学の学群巡検のとき、地元の人は「昔はひしゃくで井戸水が汲めた」と話してくれ

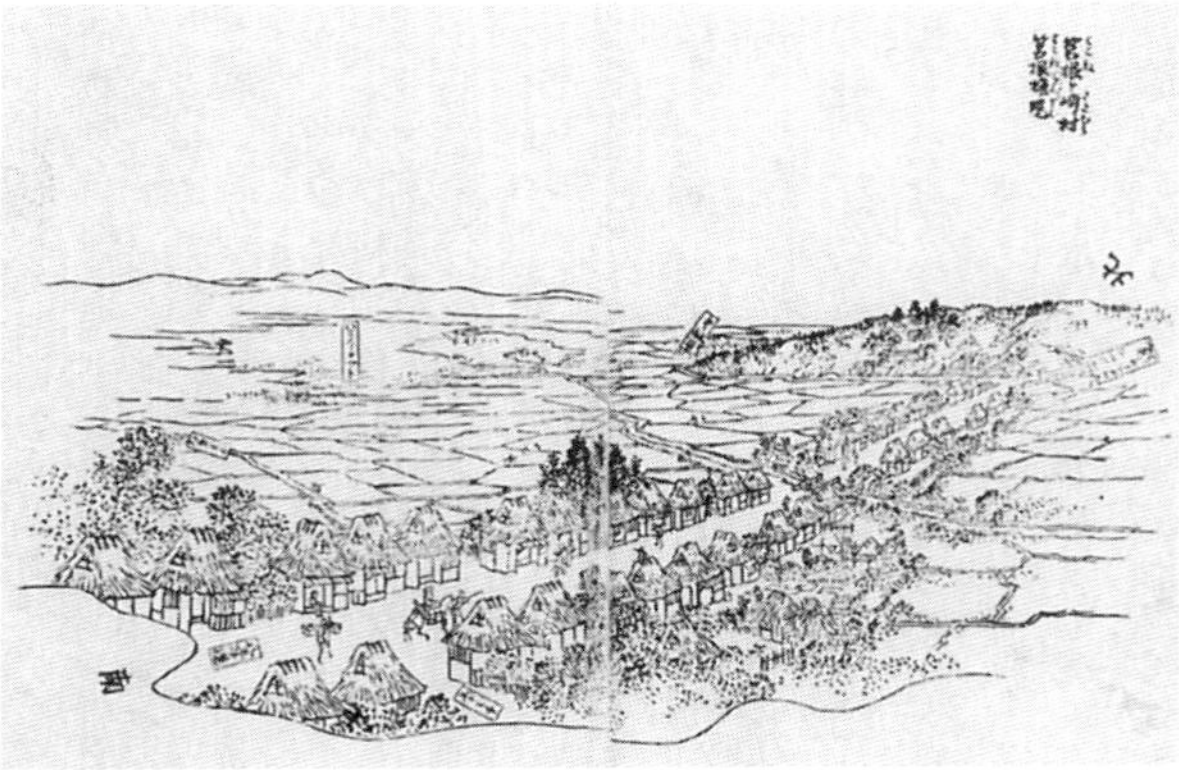

『武蔵野話』にあるハコノイケ周辺の挿し絵

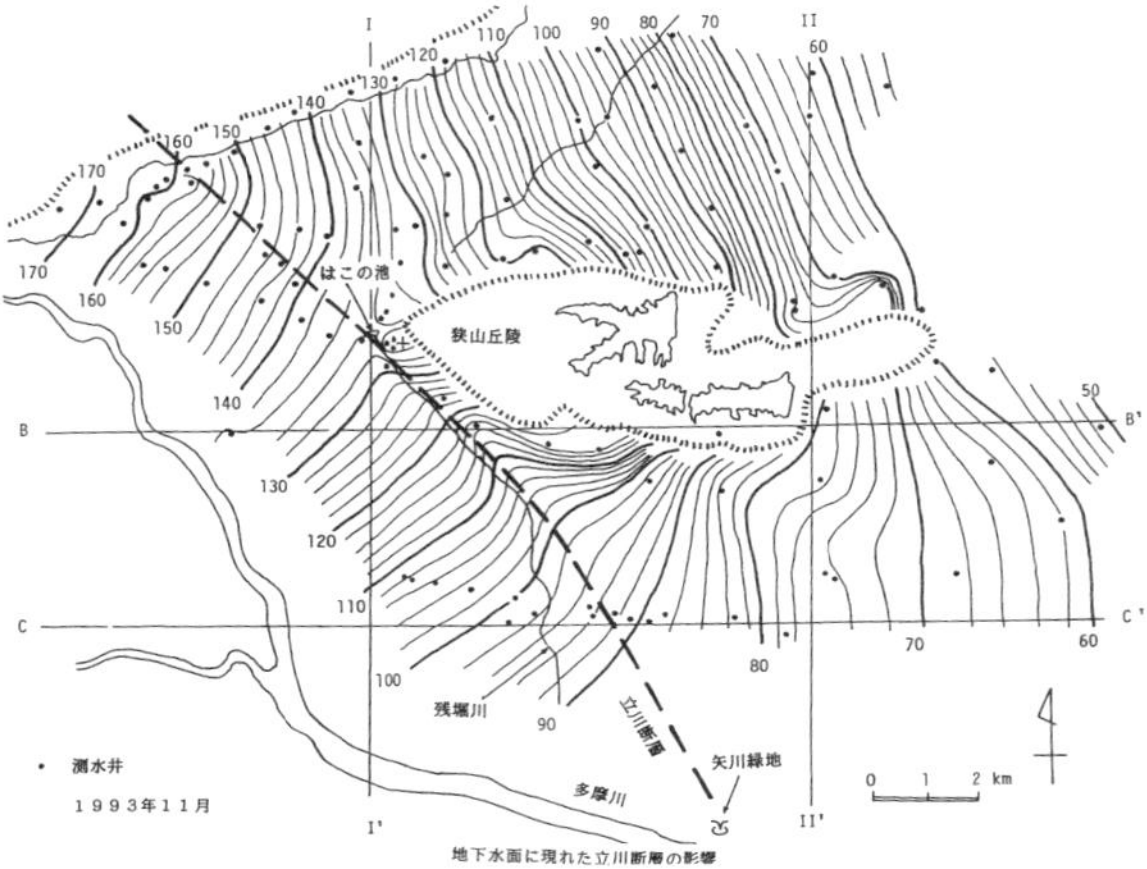


地下水面にあらわれた立川断層の影響

た。箱根崎は往還が残堀川と交差する、地下水に不自由することのない場所（一般に武蔵野台地は地下水面が深く、新田開発の苦労が多かった）に発達した街道集落と考えてよかろう。この箱根崎から北東へ少し行き、立川断層を越えると、地下水面は急に深くなる。巡検のとき、この新開地に引っ越してきた家の主人は、井戸が涸れて困っていると言っていた。前ページ下の図は、一九九三年一一月に測定した「地下水面にあらわれた立川断層の影響」を示している。ハコノイケ（はこの池）から南東へ三キロメートルほど行くと、地下水面は二〇メートルも低くなる。

このように、浅層の地下水についても立川断層の東と西では、地下水のあり方に明瞭な違いがある。以上の情報を総合すると、立川断層は地下水の流れの障害になっており（どの程度の障害かは定量的にはわからない）、矢川緑地は立川断層によって形成された断層泉である、と考えるのが自然と思われる。実はこの考えは、活字にするのは初めてであるが、何人かの人には何回か話をした。一九九二年の時点では、賛否相半ばしていたが、二〇一二年ではこの考えは受け入れられていると思う。

## 不圧地下水と被圧地下水

講演会などで地下水の話をすると、少し知識のある人は、それは被圧地下水ですか、それとも自由地下水ですか、などと質問してくる。自由地下水は不圧地下水の別称である。

前節のポテンシャル鉛直二次元断面分布図を見て、地質構造はどうなっているのかと、疑問に思った方も多いと思う。地質構造はもちろん明らかになっているが、煩雑さを避けてあえて記入しなかったのである。

地下水は地質に規制されて動くと、ほとんどの人は考えている。しかし、地下水の全体としての（広域の）流れを決めているのは地形である。地形にならって地下水面の形が決まり、その地下水面が地下水流動の上部境界条件となって、地下水ポテンシャルの三次元分布が決まる。地質は、地層内部の地下水の動きのパターンを決める条件として働いている。

東京では地下でいろんなことが行われているので、いろいろな地下水問題が起きる。そのときいつも議論になるのが被圧・不圧の問題である。しかし先のポテンシャル鉛直断面分布図からもわかるように、不圧と被圧の区別は問題によってはほとんど意味を持たない。

もともと被圧地下水とは、井戸の揚水試験から帯水層係数を求める際に考え出された近似概念である。完全な被圧帯水層とは、その上にのる加圧層（粘土層）によって鉛直方向の地下水の流れが完全に遮断されている帯水層をいう。しかし実際には加圧層といえども何がしかの透水性はあるので、その後「漏水性被圧帯水層」なる概念がハンタッシュによって導入されたことは、専門家には周知の事実である。

不圧地下水は揚水によって地下水面が変化するが、被圧地下水は加圧層の下にあって全層飽和しているので、被圧帯水層中の地下水の水平流動だけを問題にすればよいと、初めのころは考えていた。井戸に集まる地下水は、無限遠方から来るとの仮定で揚水試験のための式が立てられていた。

広野に井戸が一本という時代ならば、この仮定もある程度は成り立つ。しかし、地球の有限性が議論される今日である。まして井戸が密集し、常時あちこちで工事の行われている東京の地下では、「無限」という仮定は成立しない。

地下水循環の実態が明らかになるにつれて、地下水学の内容は、井戸の水理学(well hydraulics)から地下水水文学(groundwater hydrology)へと変化してきた。そして基本となる概念も、「帯水層」概念から「帯水層‐加圧層システム」概念へと変化し、水循環の一環として地下水を理解する方向へと進んできた。もとより地質や水理に関する基礎知識の重要性にはいささかの変わりもないが。

人間活動の場の広がりとともに、地球が狭くなってきたのは、地下水たちの世界でも同様である。

## 武蔵野線の路盤浮上事故

一九九一年秋の長雨で、筑波台地のあちこちに「池」が出現した。「筑波大学新聞」の学生記者から、その原因と対策について書くように依頼され、嶋田純君に水理実験センターの観測データを調べてもらったら、一九九一年九月の雨量は三八五ミリメートルで、一九八一～九〇年の平均値の二・二倍あり、日雨量の最高は九月一九日の一九六ミリメートルであった。NHKテレビは東京の九月の雨量は五三三ミリメートルで、例年の三倍以上と伝えていた。頼まれた原稿を私は次のように結んだ。

この秋の長雨による武蔵野線新小平《しんこだいら》駅の路盤浮上事故や、筑波台地の「池」の出現は、日本の国土の本来の姿の一端を示してくれた。私は、自然について考えてみる良い素材ができたと思っている。（一九九一年一一月一八日付第一三七号）

原著執筆中の一九九二年九月初めの残暑はことのほか厳しい。私はこの夏を熱帯で過ごしたが、日本の暑さは格別だったらしい。スリランカでもインドでも、一九九二年は夏のモンスーンの雨の遅れに苦しんでいた。異常な長雨の秋、次の年の夏が極端な小雨。これが通常の気候のゆらぎによるものか、地球温暖化のせいなのかは、まだよくわかってはいないようである。

しかし水文条件に関していえば、少なくとも東京人は、一九六〇年代以降、人工的に水抜きされた状態の地下に慣れすぎていた。そのような条件を前提にして、地下鉄や武蔵野線がつくられた。しかし、異常気象は人為的につくられた水文条件を本来の姿に戻す。長雨で筑波台地には池が出現し、乾いていたローム層が水で満たされた。今では復旧しているが次に、またいつ同じ状態、つまり日本の古来からの姿にもどるかわからない。

現地を調査してはいないが、長年武蔵野台地を調べてきた私には、新小平駅の事故は、地下水面が長雨で「異常に」上昇し、浮力が働いたため、開削部に埋め込んであった路盤を浮上させた単純な事故のように思える。関東ローム層は、不飽和状態でも空気の占める間隙は一〇パーセント以下と小さく、地下水面がローム層内に存在する場合には、雨量に比して地下水面の変動が異常に大きいことで知られる特殊な土である。毛管が満たされれば、連通管の原理で静水圧が伝わり、地下水面の上昇分に相当する水圧が路盤の低面にかかることになる。長期間にわたる地下水面の低下で、ローム層下部の地層が収縮するなどして、地下水の漏れが悪くなり、地下水面が以前よりも上昇しやすくなっていた可能性も否定はできない。

最近、東京上野の新幹線地下駅で発生した浮き上がり現象も、地下水位の上昇による浮力が原因である。この地下駅は箱を埋め込んだような構造になっている。ＪＲは莫大な費用をかけてアンカーを埋めて、箱に働く浮力に対抗する工事を行ったと新聞は報じた。地下水位の上昇は今後も続くと思われる。この上昇しつつある地下水位を、揚水することによって一定のレベルに保持することは可能であろう。水位上昇分に相当する地下水を有効に利用するとしたら、どのような問題が生じるだろうか。新たに使えるようになった地下水の用途としては、ヒートアイランドの冷却用水、河川の浄化用水、都市内部の人工河川の水源などいろいろ考えられる。井戸の構造を工夫すれば、この揚水による地盤沈下は避けられるのではないか。この問題は科学だけの問題ではなく、科学と人間・社会系がからむ統合的問題である。都の地下水行政だけでなく、都民の地下水に関する意識も関係する。

地球は変化もするし、進化もする。その変化や進化に、人間活動が関与している。予測も重要だが、正確な情報の集積のほうがますます重要になってくる。

## 適正揚水量はあるか

地盤沈下は重病人の示す症状に似ている。わが国では、揚水禁止というカンフル注射で、危機は何とか切り抜けることができた。おかげで地下水位も回復した。地下水は水質が良くて安価だから、もしも使えるものなら、禁止するだけでなく、有効に使ったほうが得である。適正な揚水量をどうやって決めたらいいのだろうか。

「適正揚水量」という概念は、二〇世紀後半に世界中を駆けめぐった妖怪である。安全揚水量、最適揚水量、firm yield, perennial yield, safe yield（yield は産出量の意）などは、その妖怪の仮の名である。アメリカ地質調査所は一九五五年に safe yield なる術語を放棄するよう要求した。しかし一九七二年に改訂版がでた名著『近代水文学（Modern Hydrology）』〔一九八八年第三版〕の中でR・G・カズマンは、「だがいくつかの州法は、なおも地下水盆（groundwater basin）の安全揚水量（safe yield）の決定を要求している」と書かなければならなかった。わが国でも事情は似ている。

適正揚水量についての科学的・技術的研究のレビューを発表するのに、本書が「最適」のメディアとは思われないので、その詳細は機会を待って必要なら別途に行うこととし、ここでは結論だけを簡単に述べる。

まず「最適」「安全」「適正」なる語はいずれも、「何に対して」という前提条件なしには意味を持たない。「地盤沈下」に対してか、「水位低下」に対してか、それとも「地下水面低下」に対してか。

第二に、地下水の揚水を行えば、程度の差はあるが自然界（水位、地盤、生物など）は必ず変化する。「適正か否か」は「許容可能か否か」と同義になる。すると「だれにとって」という質問がその後に続く。「後続する世代にとって」ということにでもなると、これは科学・技術の問題ではなく、倫理・哲学の問題になる。

酒は毒にもなるが、薬にもなる。人によって適量もそれぞれ違う。地下水にも、使ってもいい地下水と、使わないほうがいい地下水がある。また、使ったほうが水質の良くなる地下水もあるし、悪くなる地下水もある。地下水と人間との関係はもっと複雑である。国によっても、経済の発達段階によっても、地下水の価値は違う。

なお、原著『地下水の世界』執筆後の、「適正揚水量」についての私の考えは、「学術文庫版まえがき」に述べておいた。

地下水診断の必要性はそこにある。ただし地下水の専門家は医師と同じく助言者にすぎない。診断結果を見て行動を決めるのは、地域住民の意思である。

# むすび　新しい地域水循環系の創出をめざして

## 玉川上水と野川

『武蔵野夫人』の中に、「斜面からの湧水を集めて来るらしいが、二粁《キロ》足らずの間にこれだけの水量に達するのは、不自然」と思った勉が、道子を連れ出して野川の源流を探りに行く場面がある。（野川の源流は恋ヶ窪と真姿の池だが）勉は思ったとおり途中で台地の上から流れ落ちる流れを見つけて「満足げに笑」い、道子は「そうして喜ぶ勉を抱いてやりたい衝動を感じ」る。この小説の作者は、国分寺崖線の巡検を何回か試みたことがあるに違いない。

玉川上水は、多摩川の水を羽村の堰から四谷の大木戸まで約四三キロメートル、九二メートルの落差を利用して江戸へ運んだ開削水路で、武蔵野面では分水をしやすいように、巧みに尾根筋を選んで走っている。その完成は神田上水がほぼ完成してから二四年後の承応二（一六五三）年、工事期間はわずか七ヵ月だったといわれている。

玉川上水は大江戸の飲料水のほか、武蔵野台地の新田開発にも利用された。現在の三鷹《みたか》市、小金井市、調布《ちょうふ》市、田無《たなし》市（現・西東京市）などの領域に生まれた新田は、玉川上水から分水した小平分水や砂川分水からの引水許可によって成立した。真偽は定かではないが、ある文献は、玉川上水開削の目的の一つに漏水や浸透による地下水涵養（人為的に台地の地下水面を上昇させる）があった、と記している。早稲田大学で水田灌漑の研究をされた竹内常行先生は、玉川上水からの分水は一七ヵ所あるが、すでに一九六一〜六二年に調査したとき、これらの分水系統は埋められたり、暗渠になっていたりしていて、その全貌を明らかにするのは容易ではなかった、と書いておられる。一九九〇年ころ、玉川上水の分水調査を行った東京都は、その復元図の作成にたいへん苦労したと聞いている。

水路からの漏水や灌漑水の浸透で台地の地下水面を高め、野川への地下水流出に最も大きく貢献したと考えられる分水は、砂川分水である。この分水から取水した国分寺村分水の一部である恋ヶ窪村用水の水路跡は、西国分寺駅の北北東にある熊野神社の近くに保存されているが（実際は案内板が立ててあるだけだが）、その幅は二〜三メートルもあり、かなり大きい（いまは水が流れていないので崩れて大きくなったのかもしれない）。また『武蔵野夫人』にもあるように、砂川分水の末流は野川へも直接流れ込んでいた。

神田上水の水源であった井の頭池の湧水量の推定が難しかったように、砂川分水の流量や、そこからの取水量を推定するのは、極めて困難であろう。まして玉川上水の水が泉から湧き出して野川へどれだけ流れ込んでいたか、いまとなっては知るよしもない。しかし『武蔵野夫人』の時代の野川が自然のままの河川でなかったことは確かである。私は上水で涵養された地下水も野川の流量にかなり貢献していたと睨んでいる。

武蔵野台地に限らないが、すでに日本人は土木工事で水の自然の流れを大きく変化させてきた。河川水の流れの変化は目に見えるので、近ごろは、たいていは自然破壊と糾弾される。しかし「玉川上水の自然を守る」運動もあった。人工も三〇〇年たつと自然の一部になる。野川を守ることも、人工的自然を守ることを意味する。私が地下水調査を行った地域の中では、地下水の流れが（最初から意図していたわけではないであろうが）人為的に大きく変化した代表例として、熊本市と長岡市を挙げることができる。

熊本市は七三万の人口を擁するにもかかわらず、水道水源を地下水だけでまかなうことのできる恵まれた都市である。その水は、阿蘇カルデラから噴出し、その周辺一帯に厚く堆積した火砕流がつくる台地面から浸透した降水でできた地下水である。ついでながら、阿蘇の火砕流の規模は雲仙普賢岳の比ではない。その分布範囲は、距離で一〇〇キロメートル、厚さは一〇〇メートルのオーダーである。噴出は（地球の歴史ではつい最近の）数万年前まで続いた。阿蘇カルデラ規模の爆発噴火が続いたら、防ぐ手段も、逃げる場所もない。肥後大変では済まず、肥後全滅もありえないことではない。私はこのごろ、人類の文化は火山活動の鎮まった間氷期に咲いた徒花《あだばな》ではないか、と考えることがある。

阿蘇カルデラ西麓の火砕流台地では、白川《しらかわ》から取水した水を水田に灌漑している。その水が浸透して地下水になる。白川の水と台地の天然の地下水では水質が違う。熊本市街へ流れてきて市民の水道に使われている地下水の中に、この「白川からの人工地下水」がかなりの比率で混じっていることは、水質をトレーサーにした地質調査所の永井茂さんたちの研究で明らかにされている。

長岡市は人口約三〇万の都市だが、「消雪パイプ」の発祥地であり、豪雪時には日量一〇〇万トン以上の地下水を消雪に使っている。そのため冬場の地下水面は一〇メートル以上も低下するが、春先から初夏にかけて地下水面は急速に回復する。その涵養源のかなりの部分は（三〇〜四〇パーセント？）信濃川《しなのがわ》の河川水で、黒部川と同じく、川からの誘発涵養が大規模に行われている。

河川水や降水を台地面で浸透させれば、それは重力の作用で地下水となり、流れるべくして流れて地上へ（黒部川扇状地のような特殊な場所では海へ）湧き出る。湧き出したところには新しい生態系が生まれる。むかしと違い、地下はすでに暗黒の世界ではなく、私たちは「水脈占い師」に頼ることなく、地下水循環の様子を可視化する方法を知っている。

水循環は太陽と重力をエネルギー源とする「持続可能でクリーンな循環系」である。いまこそ、地表水と地下水を一体にした地域水循環系の創出による、望ましい環境創造に思いをいたすべきときと、私は考える。その延長上に「地球環境の創造」もありうるかもしれない。

## 望ましい環境とは

では望ましい環境とはどんなものか。私の答えを先に述べよう。それは多様性に富む、刺激に満ちた環境をいう。自然界の多様性は、知の不可欠の栄養源である。いかに栄耀栄華を極めたものであっても、それが「コンクリートの中だけ」の文化ならば、私はそれに対して何らの関心も抱かない。いや「コンクリートの中だけ」から文化が生まれるわけがない。

望ましい、望ましくないは、人間の側からの判断であるが、いまのところ、人間一般の判断は求むべくもないので、この問いに対する答えとしては、私の主観を述べるしかないのである。

モーツァルトの音楽がなぜこれほど愛されるか。ヴォルフガング・アマデウス・モーツァルトを、神とあがめる人々がいる一方で、金にだらしなく、浮気者で、梅毒持ちだったと暴露する人がいる。すべてがモーツァルトだったのだと思う。その多様性の中から、神の音が生まれ、お尻の音楽がつくられ、スカトロジックな手紙が書かれたのだと思う。しかもモーツァルト自身も「進化」した。六歳でクラヴィーアのための四つのメヌエットと一つのアレグロ（K1―K5）を書いたモーツァルトと、三五歳の死の床で「レクイエム（K626）」を書いたモーツァルトとは同じではない。

モーツァルトは旅に明け暮れた。それが興行のための、また技術習得のための旅だったとしても、若いモーツァルトが馬車の長旅で見た風景は、脳に多くの刺激を与えたはずである。ベートーヴェンは引っ越し魔だった。ウィーンにはベートーヴェンの旧居がたくさんあるから、彼も「進化」に応じた新しい環境を求め続けたのであろう。

哲学者イマヌエル・カントには『自然地理学（Physische Geographie）』なる大著

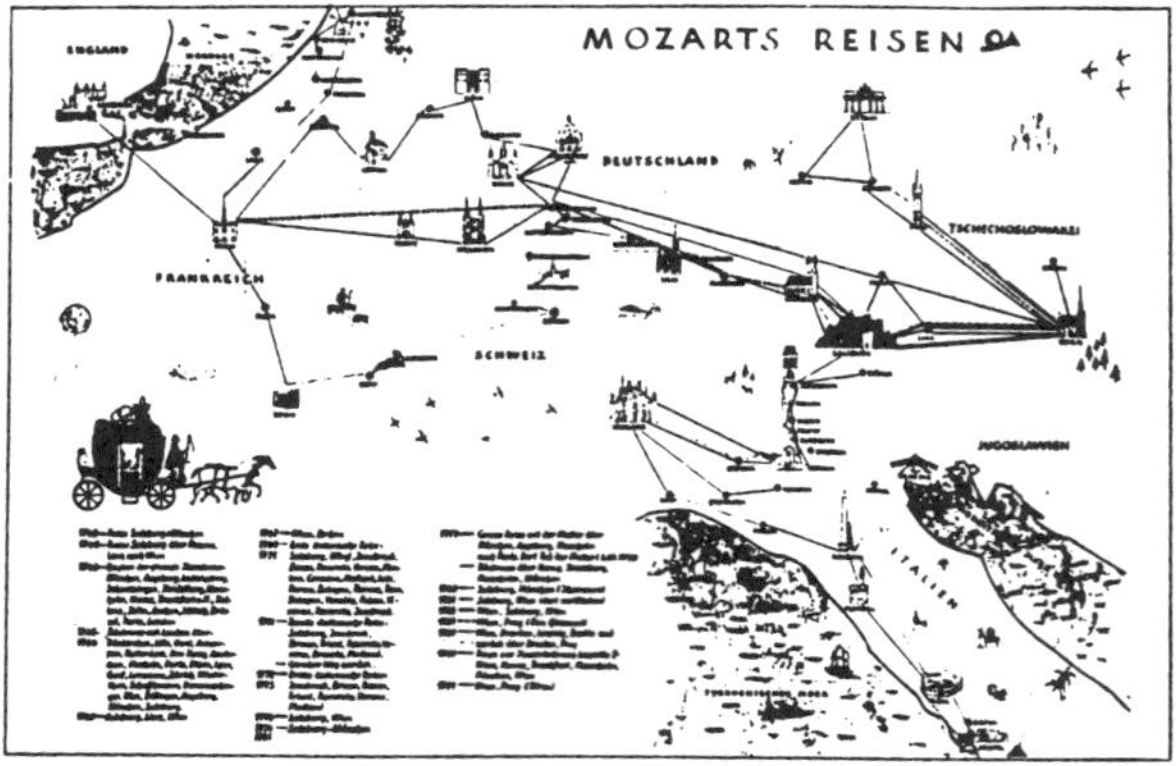


モーツァルトの旅行図（©Internationale Stiftung Mozarteum）

もあるが、彼は書斎の人で、ケーニヒスベルクに留まり、生涯旅をすることがなかったといわれている。

　しかし、「ある時ミヒァエリスについて、もし彼の体系が基礎づけられている原理さえ承認すれば、残余のあらゆることはつぎつぎに論理的に帰結せられて完全に連関することになろう、と語ったこともありました。しかし彼の最も多く研究した書物は、地球や地球上の住民について知られる著作でした。また旅行記で、カントが読んでいなかったり記憶にとめていなかったようなものは絶無であったことは確かです」(ボロウスキー他著『カント　その人と生涯――三人の弟子の記録』、一九六七年、創元社)。

「われわれの哲人があの虚弱な身体でありながら、その生命をあの高齢まで保ちつづけ得た」（同書）秘密を知りたい人は、この訳書を探し出して読んでいただきたい。この書斎の学者も、体力と交通手段に恵まれれば、旅をしたかったのではないか。

旅は有益なる修業である。……霊魂はここに未知の新奇なる事物を認識しつつ不断の鍛錬をうける。いや、わたしは既にしばしば言った通り、生活を作り上げるためには絶えず人に種々様々なる生活や、思想習慣を示し、彼にわれらの自然の外観が絶えず変化することを知らしめるより、まされる学校があろうとは思わぬのである。

ミシェル・ド・モンテーニュの『随想録』（角川文庫）から引いたこの一文の価値が薄れたとは、私には思われない。

自然界の多様性（diversity）を生むもとは水循環である。

**イデオロギーと科学**

自分の主観ではなく、客観的な意見を述べるべきである、と反論されたとしたら、読者のみなさんはそれに対して、どのように答えるだろうか。

完全に客観的ということがありうるだろうか。情報の伝達にタブーの無くなった社会では、宗教も、イデオロギーも、かつてと同じ力を持つことはできない。神の声だから、あのお方がおっしゃるのだから、ではもう通用しない。権威のついえた社会で、だれが、どのような考えで、どこへ、われわれを連れて行こうとしているのか。

科学の世界には、まだ客観という考えがある（不確定性についても議論されてはいるが）。それは地球科学では、「過去に起きた事実」と同義である。しかし、それをどのように「説明」するかは、多くの場合「仮説」に基づいている。「仮説」には、限りなく主観に近いものから、限りなく客観に近いものまであって、そのスペクトラムの幅は広い。科学の法則は、累々たる屍《しかばね》の上に築かれた成果である。

では原理・法則が明らかになったとして、現実世界はすべて原理・法則によって演繹的に説明することができるであろうか。理性の人カントについて、弟子の語った言葉をもう一度注意深く読み直してみていただきたい。

少なくとも、地下水の世界はそうではない。ここにフィールドワークの必要性が生まれる。フィールドワークは、現実世界から、自分にとって必要と思われる情報を、自分の手で引き出す行為である。もしも原理・法則からの個別事例の演繹的説明が可能ならば、熱帯で、暑さをこらえて非能率なフィールドワークを行う必要はない。楽しみのためだけならば別だが。

中村雄二郎氏は『臨床の知とは何か』（一九九二年、岩波新書）の中で、「近代科学の知」と「臨床の知」の違いについて、深い洞察を示している。片手間な紹介はしないほうがましなので、詳細は原著にゆずるが、「臨床の知」はフィールドワークの知につながる。私も、かなり前から同じ考えを持つようになっていた。

つまり、地球環境の時代に、何を善しとし、何を悪しとするか。その判断基準は何か。その判断をだれにまかすべきか。政治家にか、科学者にか、技術者にか、法律家にか、官僚にか、宗教家にか、芸術家にか、市民にか、それとも全員の合議にか。

## 予測科学から診断科学へ

一人の研究者として私に主張できることは、「診断科学の重視」である。言い換えれば、フィールドから新たにどんな情報を引き出したなら、地球（その上にのるもののすべてを含む）の進化の様子を正しく理解（診断）することが可能になるのかについて、もっと真剣に考えてみることである。コンピュータによる予測も必要であるが、正しい情報を入力しなければ、正しい答えが求まるはずがない。「近代科学の知」と同じ程度に、「臨床の知」の探求を進めなくてはならない。地球科学者にできるのは地球の理解（診断）までであって、その先は別のシャッポを被り直した人間としての行動になる。

地球環境問題に対する対策は、フロンの禁止、熱帯雨林伐採の禁止など、いまのところ「禁止」だけである。ただし、水にだけはなにがしかの希望が残されている。私たちは、大雨のたびに洪水につかる環境の再現を求めてはいないし、水使用量はできることならいまよりも低めたくはない。その上で「望ましい環境」を模索しているのである。可能ならば、砂漠の緑化にも手を貸したいし、熱帯雨林の生態系の多様性が保たれるよう、何か行動をしたい。そのすべてに水がかかわっている。

一九九一年から地球圏‐生物圏国際協同研究（ＩＧＢＰ）が始まった。日本はその重要な一翼を担っている。私の一九九二年の夏の一ヵ月余はそのために使われた。私たちが担当しているプロジェクトは、「水循環の生物的側面（ＢＡＨＣ）」であり、ユネスコの国際水文学計画（ＩＨＰ）の中の「湿潤熱帯の水文学」とも関係している。スリランカやインドの人々は、研究者も、政治家も、（私たちを通しての）日本に対する大きな期待を示した。

しかし同時に、「近代科学の知」の恩恵で潤った先進工業国が、地球環境問題を口実に、発展途上国の経済発展にブレーキをかけようとしていることに、また「臨床の知」のための研究の場だけを提供させられることに、彼らは不快感を隠そうとはしなかった。このアンビバレントな感情に対してどう応えるべきか。

なお前述したように、ＩＨＰ関連で実施したバリ島の調査結果は、一九九二年に「Water Cycle and Water Use in Bali Island（バリ島の水循環と水利用）」という英文報告書にまとめたが、和文では拙著『水と女神の風土』（二〇〇二年、古今書院）の第三～四章にまとめてある。

もとより一研究者（グループ）の力だけでは、できることは限られるが、私は日本やバリ島でこれまで行ってきた水循環の研究をスケール・アップすることにより、スリランカやインドの、最終的にはグローバルな環境問題への貢献ができればと願っている。

Think globally, act locally.

優しいひびきのいいコピーである。私のこのささやかな本は、そのための「HOW」を考えるのに、少しでも役に立つだろうか。

# あとがき

本書は、いろいろな意味で、私にとって記念すべき出版物となった。

私はすでに数冊の専門書を公にしているが、一般向けの書物を書くのはこれが初めてである。これまでに私に声をかけてくださった編集者の方も何人かおられたが、ご要望に応えられず失礼をしていた。多忙が第一の理由だったが、私の心構えの問題もあった。専門書なら、文献を読んだり、研究を続けているうちに半自動的にできてしまう。本を書くのは知の排泄行為だから、と言って学生に嫌がられている私である。しかし、一般書は書く内容よりも、どう訴えるかが、より重要である。訴えたいものは持っていても、訴え方に迷いがあった。実はこの本の原稿も、前の編集者の依頼で数年前に半分ほど書いたまま放置してあった。昨年の夏、新しい副編集長硲《はざま》孝仁氏が突然電話をくれて、ぜひ地下水に関する本を出したいという。硲氏と雑談を重ねているうちに、書かなければという気持ちになった。それが昨年の暮ごろだっただろうか。本書は硲孝仁氏の熱意と、本書が出版されるころ還暦を迎える私の年齢が一緒になって書かせた。

今年の五月半ば、日本へ持ち帰った水の水質分析も含めて満四年を費やした『バリ島の水循環と水利用』調査の英文報告書がまとまった。七月から新たに三年計画で始めるスリランカとインドの学術調査までの間隙を縫って、何とか仕上げようと努力したが、八割できた時点で出発となった。

この本は、私が初めてワードプロセッサーで書き「フロッピー原稿」を渡した本でもある。書斎と大学の研究室に、同一のパソコンシステムを備え付け、フロッピーだけを往復させて、暇を見つけては書いた。校正も含めて、直しが楽なので、手で書くよりも効率的かな、という気がしている。最近は論文でも「フロッピー渡し」を要求されることが間々ある。スリランカの宿には、若い人が持参したラップトップが二台あったが、私はフィールドに専念した。

私は早寝（九時のこともあるので遅い電話は困ります）早起き（三時に起きることはめったにありませんが）を旨としている。起きると紅茶をいれ、モーツァルトをかける。こういう贅沢が許されるのは筑波へ来たおかげである。この前の本『水と気象』（一九八九年、朝倉書店）の執筆はバリ島の調査を始める直前だったが、その原稿はレコードを聴きながら書いたような気がする。この原稿はすべてCDを聴きながら打った。地球環境問題の深刻さは十分知っているつもりでも、便利さを拒むのはむずかしい。書きかけの原稿は万年筆だった。本書はそれと大幅に違う内容になった。裕さんありがとう。

本書には、私のかなり大胆な「仮説」もいくつか述べた。本来ならまず学術誌に載せるべき内容の研究成果も含まれているが、レフェリーの趣味に合わせた原稿に仕上げるだけの時間がない。もう、論文をいくつ書いたからどうこうという歳でもない。いい本は書くが、論文は書かない自然科学系の外国人の学者を何人か知っている。彼らの心境がわかる気がしてきた。事実の記載だけより、外れるかもしれないが、仮説の含まれているほうが面白い。ただし、真実の前では謙虚さは失っていないつもりなので、より合理的な仮説が現れたら、私の説を撤回することにやぶさかではない。日本の科学者は安全な道を歩きすぎるのではないか。

個人名の頻出を不快に思った読者もおられるかもしれない。これは仲間ぼめをしたいからではなく、本書に書いた内容に（学術誌に）未発表のものがかなり多いからである。特に委託調査にからむ仕事は、報告書が出ても、発表したことになるのか、ならぬのかハッキリしない。研究者のオリジナリティは大切にしなくてはならない。発注者にも考えてもらいたい問題である。

本文中でお名前を出させていただいた方々の他、NHKブックスの執筆を勧めてくださった市川健夫先生と、当時のNHKブックス副編集長竹内幸彦氏に心から御礼申し上げる。

また、本書の武蔵野台地に関する研究の一部は、「とうきゅう環境浄化財団」（現・とうきゅう環境財団）の援助で行われたものである。二〇年以上にもわたった東京都の地下水調査の際には、関係各位から多くのことを教わった。ここに併せて記し、深甚なる謝意を表する。

一九九二年九月　　カンタータ「悔悟するダヴィデ」（K469）を聴きながら

学術文庫版謝辞

講談社学術図書第一出版部次長の園部雅一さんには、本書の出版、加筆、新しい図や写真の挿入などいろいろお世話になった。

# 参考文献

○H・G・ハーシス『共和主義の地下水脈』新評論　一九九〇
○アメリカ地質調査所『占い棒・水脈占いの歴史』（英文）　一九一七
○ライアル・ワトスン『スーパーネイチュア』蒼樹書房　一九七四
○ジャン゠ピエール・グベール『水の征服』パピルス　一九九一
○アンリ・ダルシーの原論文（仏文）　一八五六
○赤松宗旦『利根川図志』崙書房　一九七三（復刊）
○榧根勇編『地下水資源の開発と保全』水利科学研究所　一九七三
○山田秀三『関東地名物語　谷・谷戸・谷津・谷地の研究』草風館　一九九〇
○E・ソルバーガー『大洪水についてのバビロニアの伝説』（英文）　大英博物館　一九七一
○『深大寺』深大寺　一九八三
○藤田四三雄『水と生活』槇書店　一九八二
○地下水ハンドブック編集委員会編『地下水ハンドブック』建設産業調査会　一九七九
○渡部忠世『アジア稲作文化への旅』日本放送出版協会　一九八七
○日本の水をきれいにする会編『名水百選』ぎょうせい　一九八五
○藤井昭二・奈須紀幸編『海底林』東京大学出版会　一九八八
○黒部市史編纂委員会編纂『黒部市史　自然編』黒部市　一九八八
○大岡昇平『武蔵野夫人』新潮文庫　一九五三
○吉村信吉『地下水』河出書房　一九四二
○G・ベイトソン『精神と自然』思索社　一九八二

○貝塚爽平『東京の自然史』講談社学術文庫　二〇一一（復刊）
○町田洋『火山灰は語る』蒼樹書房　一九七七
○前島康彦『井の頭公園』郷学舎　一九八〇
○活断層研究会編『日本の活断層』東京大学出版会　一九八〇〔一九九一年新版〕
○高橋賢之助『実例・経験に基づく掘削のための地下水調査法』山海堂　一九九〇
○工藤直子『あっ、トトロの森だ！』徳間書店　一九九二
○齋藤鶴磯『武蔵野話』有峰書店　一九六九（復刊）
○R・G・カズマン『近代水文学』（英文）一九七二〔一九八八年第三版〕
○ボロウスキー他『カント　その人と生涯――三人の弟子の記録』創元社　一九六七
○モンテーニュ『モンテーニュ随想録抄』角川文庫　一九五一
○中村雄二郎『臨床の知とは何か』岩波新書　一九九二

KODANSHA

本書は、一九九二年にＮＨＫ出版より刊行された『地下水の世界』を原本に、加筆・改訂を加え、改題をしました。

榧根勇（かやね　いさむ）

1932年生まれ。東京教育大学大学院理学研究科博士課程修了。理学博士。東京教育大学，筑波大学，愛知大学で教鞭を執る。元日本学術会議会員。現在，筑波大学名誉教授。専門は，水文学，自然地理学，地球科学。著書に，『扇状地の水循環』，『水の循環』，『日本の水収支』（共編著），『水文学』，『水と気象』，『中国の環境問題』（編著）などがある。

---

講談社学術文庫

定価はカバーに表示してあります。


**地《ち》下《か》水《すい》と地《ち》形《けい》の科《か》学《がく》**
**水《すい》文《もん》学《がく》入《にゅう》門《もん》**

榧《かや》根《ね》　勇《いさむ》

2013年２月12日　第１刷発行
2023年６月５日　第６刷発行

発行者　鈴木章一
発行所　株式会社講談社
東京都文京区音羽 2-12-21 〒112-8001
電話　編集（03）5395-3512
販売（03）5395-4415
業務（03）5395-3615
装　幀　蟹江征治
印　刷　株式会社広済堂ネクスト
製　本　株式会社国宝社
本文データ制作　講談社デジタル製作




---


ISBN978-4-06-292158-9

# 「講談社学術文庫」の刊行に当たって

これは、学術をポケットに入れることをモットーとして生まれた文庫である。学術は少年の心を養い、成年の心を満たす。その学術がポケットにはいる形で、万人のものになることは、生涯教育をうたう現代の理想である。

こうした考え方は、学術を巨大な城のように見る世間の常識に反するかもしれない。また、一部の人たちからは、学術の権威をおとすものと非難されるかもしれない。しかし、それはいずれも学術の新しい在り方を解しないものといわざるをえない。

学術は、まず魔術への挑戦から始まった。やがて、いわゆる常識をつぎつぎに改めていった。学術の権威は、幾百年、幾千年にわたる、苦しい戦いの成果である。こうしてきずきあげられた城が、一見して近づきがたいものにうつるのは、そのためである。しかし、学術の権威を、その形の上だけで判断してはならない。その生成のあとをかえりみれば、その根は常に人々の生活の中にあった。学術が大きな力たりうるのはそのためであって、生活をはなれた学術は、どこにもない。

開かれた社会といわれる現代にとって、これはまったく自明である。生活と学術との間に、もし距離があるとすれば、何をおいてもこれを埋めねばならない。もしこの距離が形の上の迷信からきているとすれば、その迷信をうち破らねばならぬ。

学術文庫は、内外の迷信を打破し、学術のために新しい天地をひらく意図をもって生まれた。文庫という小さい形と、学術という壮大な城とが、完全に両立するためには、なおいくらかの時を必要とするであろう。しかし、学術をポケットにした社会が、人間の生活にとってより豊かな社会であることは、たしかである。そうした社会の実現のために、文庫の世界に新しいジャンルを加えることができれば幸いである。

一九七六年六月

野間省一